中国畜禽遗传资源（2011—2020年）

全国畜牧总站　组编

中国农业出版社

北　京

图书在版编目（CIP）数据

中国畜禽遗传资源. 2011—2020年／全国畜牧总站
组编. —北京：中国农业出版社，2021.6
  ISBN 978-7-109-26824-1

  Ⅰ.①中… Ⅱ.①全… Ⅲ.①畜禽—种质资源—中国
—2011—2020 Ⅳ.①S813.9

  中国版本图书馆CIP数据核字（2020）第077300号

中国农业出版社出版
地址：北京市朝阳区麦子店街18号楼
邮编：100125
责任编辑：张艳晶
版式设计：杨 婧 责任校对：刘丽香
印刷：北京通州皇家印刷厂
版次：2021年6月第1版
印次：2021年6月北京第1次印刷
发行：新华书店北京发行所
开本：889mm×1194mm 1/16
印张：8.75
字数：250千字
定价：135.00元

编委会

主　任：王宗礼

副主任：杨　宁　刘长春

委　员：潘玉春　张胜利　李发弟　阎　萍　马月辉

编写人员

主　编：时建忠　杨　宁

副主编：薛　明　孙从佼

编　者：时建忠　杨　宁　刘长春　薛　明　孙从佼

　　　　秦宇辉　隋鹤鸣　徐　杨

目录

缙云麻鸭

缙云麻鸭（Jinyun Partridge Duck）（又名草子鸭），因全身羽毛浅棕灰色似麻雀而得名，是中国著名的蛋鸭地方品种之一，经济类型属于蛋用型。

一、一般情况

缙云麻鸭中心产区为浙江省丽水市缙云县，分布遍及该县以及省内的奉化、金华、丽水、温州，在广东、广西、湖北、江苏、上海等省（自治区、直辖市）也有分布。

二、品种来源与变化

（一）品种形成

缙云麻鸭是我国著名的蛋鸭地方品种，以成熟早、产蛋多、耗料少、抗病力强、适应性强而著称。

缙云麻鸭历史悠久，早在乾隆年间，在浙江缙云县以及周边地区就已形成规模饲养。

（二）群体数量及变化情况

截至2009年，缙云县共有4万多人在全国29个省（自治区、直辖市）从事缙云麻鸭养殖及相关产业，年饲养量达5 000万只以上，总产值达60多亿元。

三、品种特征和性能

（一）体型外貌特征

1. 外貌特征 缙云麻鸭体躯小而狭长，头蛇形，眼睛饱满，嘴长而颈细，前身小，后躯大，臀部丰满下垂，行走时体躯呈45°，体型结构匀称，紧凑结实，具有典型的蛋用型体型。缙云麻鸭分Ⅰ系、Ⅱ系、青壳系三个品系，其中Ⅰ系、青壳系鸭的外貌毛色基本相近，母鸭以褐色雀斑羽为主，腹部羽毛颜色较浅，喙呈灰黄色；胫、蹼呈棕黄（红）色；公鸭羽毛深褐色，头、颈及尾部羽毛呈墨绿色，有光泽，但青壳系公鸭的喙呈青色特征比较突出。Ⅱ系鸭外貌毛色较浅，母鸭以灰白色雀斑羽为主，腹部羽毛为白色，头颈部羽毛有一条带状棕色背线，喙灰黄色；胫、蹼呈橘黄（红）色；公鸭羽毛浅褐色，其中主翼羽、腹部、颈部下方羽毛为灰白色，颈部上方、尾部羽毛呈绿色。

1

缙云麻鸭公鸭

缙云麻鸭母鸭

2. 体重和体尺 缙云麻鸭体尺测量结果见表1，缙云麻鸭不同日龄体重测量结果见表2。

表1 缙云麻鸭体尺

性别	胸深（cm）	胸宽（cm）	骨盆宽（cm）	胫长（cm）	胫围（cm）	体斜长（cm）	龙骨长（cm）	半潜水长（cm）
母	6.5～7.2	7.2～7.8	5.5～6.3	6.1～6.7	3.8～4.4	19.5～22.0	9.8～10.7	48.5～51.5
公	6.8～7.4	7.5～8.3	5.8～6.2	6.3～6.9	3.8～4.3	20.0～23.0	9.8～11.2	51.5～55.0

表2 缙云麻鸭不同日龄体重

日龄	公鸭体重（g）	母鸭体重（g）
1	38～42	36～40
30	585～610	515～560
60	950～985	1 020～1 085
90	1 010～1 100	1 110～1 230
120	1 150～1 260	1 380～1 450
150	1 270～1 350	1 465～1 550

（二）生产性能

1. 产蛋性能 缙云麻鸭开产日龄为120～130日龄；500日龄只均产蛋数290～300枚，总蛋重19～20kg，平均蛋重65～68g，产蛋期蛋料比1∶2.86，蛋壳呈白色和青色两种。

2. 繁殖性能 母鸭56周龄产合格种蛋数240～260枚，种蛋受精率85%～95%，受精蛋孵化率85%～95%；公母鸭配比1∶（15～20）。

四、品种保护与研究利用

（一）保种方式

缙云麻鸭采用保种场保护，由浙江欣昌农业开发有限公司承担保种任务。根据缙云麻鸭的种质特性，确定重点保护性状为：体型外貌、早熟性、生长、产蛋、繁殖性能等性状的遗传多样性，使缙云麻鸭品种以及特征特性不丢失。

（二）选育利用

在缙云麻鸭保种场建立40个"核心群"家系和"扩繁群"群体，实行家系等量留种、群体随机交配繁殖的保种方法；坚持品种保护与开发利用相结合的原则。

五、品种评价

缙云麻鸭具有体型小、早熟、高产等特点，适合全国大部分地区养殖，尤其是在南方地区更为适宜，是我国著名的蛋鸭地方品种。

麻城绿壳蛋鸡

一、一般情况

麻城绿壳蛋鸡（Macheng Blue Chicken），是湖北省地方品种之一，经济类型属产绿壳鸡蛋的麻黄羽鸡遗传资源，是一个蛋用型的优良地方品种。

（一）原产地、中心产区及分布

麻城绿壳蛋鸡原产于湖北省麻城市，主要分布于麻城市及周边的鄂豫皖三省交界的大别山地区的山区乡村。中心产区集中在麻城市的顺河镇、乘马岗镇、福田河镇、三河口镇、龟山镇和木子店镇等6个乡镇，共计存笼5.4万多只，占全市麻城绿壳蛋鸡存笼60%以上。

（二）产区自然生态条件

麻城市属亚热带大陆性季风气候，具有南温带和北亚热带过渡的气候特点。极端最高气温为41.5℃（1959年8月23日），极端最低气温为–15.3℃（1977年1月30日）；年平均气温16℃，年平均日照时数1 600～2 513.1h，年平均降水量1 100～1 688mm，无霜期238d。光能充足，降水量充沛，四季分明。市内地形地貌多姿多彩，平原、丘陵、山区兼有，分别占总面积的50%、30%和20%。

二、品种来源与变化

（一）品种形成

麻城绿壳蛋鸡在麻城有着悠久的饲养历史。相传是由大别山地区各地香客携带传播，与当地土鸡杂交而生产绿壳鸡蛋，并经大别山地区麻城当地群众长期选育驯化而成。麻城绿壳土鸡蛋是当地人们最喜好的保健食品，据当地古稀老人回忆，其祖辈饲养的本地土鸡就和现在麻城绿壳蛋鸡外貌特征相似。长期以来，农村绝大部分采用老母鸡抱窝自繁自孵的方式，选择产绿壳蛋的母鸡留种，产绿壳蛋比例逐步上升，因此把这一地方资源优良特性保留下来。

（二）群体数量及变化情况

1985年，麻城全市绿壳蛋鸡存笼数3 000只左右；1995年，麻城全市绿壳蛋鸡存笼数1万只左右；2005年，麻城全市绿壳蛋鸡存笼数4万只左右，占全市鸡存笼1.5%；2010年，麻城全市绿壳蛋鸡存笼9万多只，占全市鸡存笼943万只的1%。现阶段，麻城绿壳蛋鸡原种场保种核心群数量达1 600多只，其中公鸡280多只、母鸡1 360多只。

三、品种特征和性能

（一）体型外貌特征

1. 外貌特征　麻城绿壳蛋鸡体型较小，羽毛紧凑，外貌清秀，性情活泼，善于觅食，胆小易受惊吓，跖部无羽毛附生，虹彩一般为橙红色，喙、胫颜色有青色（占82%）和黄色（占18%）两种。

公鸡：体质结实灵活，呈马鞍形，胸深且略向前突，姿势雄伟而健壮。体羽紧密，尾羽上翘，腿细长。羽毛呈火红色或金黄色，主翼羽和尾羽黑色，蓑羽棕红色或金黄色，镰羽多带黑色而富青铜光泽。

母鸡：体躯清秀，呈楔形，前躯紧凑，后躯圆大。羽毛有黄麻色（占36%）、黑麻色（占26%）、草黄色（占20%），个别呈黑色、芦花羽色或白色等（约占18%）。颈羽黄色或麻黄色，鞍羽黄色，背羽、肩羽、翼羽黄色或黄麻色，胸羽浅黄色，腹羽浅黄色，尾羽黄麻黑色。

雏鸡：浅黄色绒毛（两周后逐渐转为黄色或麻黄色）。

麻城绿壳蛋鸡公鸡

麻城绿壳蛋鸡母鸡

2. 体重和体尺　麻城绿壳蛋鸡各周龄体重见表1，成年鸡体重和体尺见表2。

表1　麻城绿壳蛋鸡各周龄体重

周龄	公鸡体重（g）	母鸡体重（g）
0	32.5 ± 3.5	32.5 ± 3.5
1	54.2 ± 5.8	50.1 ± 6.0
2	82.6 ± 9.8	74.6 ± 9.5
3	121.1 ± 14	106.1 ± 14.5
4	163.6 ± 24.5	151.6 ± 24.4
5	219.6 ± 43	200.6 ± 42.4
6	282.1 ± 50	253.1 ± 48.2
7	353.1 ± 55	309.1 ± 54
8	433 ± 65	368.5 ± 62.5
9	521.4 ± 75	431.4 ± 72.5
10	616.9 ± 80	497.9 ± 80
11	704.2 ± 98	568 ± 97
12	785.5 ± 110	638 ± 112
13	863 ± 120	715 ± 125
300 日龄	1 375.33 ± 121.80	1 086.37 ± 125.37

表2 麻城绿壳蛋鸡成年鸡体重和体尺

性别	数量	体重（g）	体斜长（cm）	龙骨长（cm）	盆骨宽（cm）	胫长（cm）	胫围（cm）
公	60	1 375.33 ± 121.80	13.83 ± 1.04	10.96 ± 0.45	8.76 ± 0.4	9.94 ± 0.35	3.87 ± 0.18
母	91	1 086.37 ± 125.37	12.32 ± 0.53	9.80 ± 0.6	5.21 ± 0.48	7.81 ± 0.44	3.25 ± 0.30

测定时间：2011年9月。

采样地点：湖北省麻城市麻城绿壳蛋鸡原种场、顺河镇和三河口镇。

测定单位：湖北省农业科学院畜牧兽医研究所。

（二）生产性能

1. 产肉性能 麻城绿壳蛋鸡育肥性能好，屠宰率高，可食部分比例大。经测定30只青年母鸡、30只公鸡的屠宰率，测定结果：未经育肥的300日龄青年母鸡屠宰率为92%，半净膛率平均为66.2%，全净膛率平均为53.4%；未经育肥的300日龄青年公鸡屠宰率为92%，半净膛率为81.9%，全净膛率为68.5%。麻城绿壳蛋鸡不同周龄公鸡屠宰性能测定结果见表3。

表3 麻城绿壳蛋鸡不同周龄公鸡屠宰性能测定结果

项 目	8周龄公鸡	13周龄公鸡	300日龄公鸡
活体重（g）	464.4	820	1 307.6
屠体重（g）	418	738	1 203
屠宰率（%）	90	90	92
半净膛重（g）	366.5	619.5	1 071.5
全净膛重（g）	233.8	489.5	896
腿肌重（g）	37.4	126.0	254.4
胸肌重（g）	42.1	82.0	146.4
腹脂重（g）	3.6	8.9	12.6

2. 产蛋性能 每只母鸡年平均产蛋量142.6枚，最高个体产蛋176枚，最低产蛋110枚。测定情况见表4。

表4 麻城绿壳蛋鸡产蛋性能测定结果

地 点	母鸡数（只）	总产蛋数（枚）	每只母鸡年产蛋数（枚）		
			平均	最高	最低
顺河镇	172	24 527	142.6	176	110
麻城绿壳蛋鸡原种场	1 368	191 794	140.2	171	113

注：麻城绿壳蛋鸡原种场为66周龄母鸡的产蛋记录。

四、品种保护与研究利用

采用原种保种场和保护区相结合的方式进行麻城绿壳蛋鸡保种。麻城绿壳蛋鸡已建立原种场和自然保护区，原种场采用家系繁殖，自然保护区采用群选法，着重体型外貌、生长发育、繁殖性能、产

绿壳蛋性能、绿壳蛋品质等性状的选择。

五、品种评价

麻城绿壳蛋鸡是一种经人工长期选择出的优质地方鸡种质资源，且已初具规模。由于没有专门的育种场进行保护和选育，加上农户无意识的选择，将会导致麻城绿壳蛋鸡这一宝贵遗传资源的退化和流失。因此，需要各方面对麻城绿壳蛋鸡资源的保护工作给予关心、重视和支持，切实加大麻城绿壳蛋鸡资源保护力度，不断丰富我国地方鸡种质基因库。

牙山黑绒山羊

一、一般情况

牙山黑绒山羊（Yashan Black Cashmere Goat），又名牙山黑、牙山黑山羊，是中国山羊地方品种之一，经济类型属于绒肉兼用型。

（一）中心产区及分布

牙山黑绒山羊原产于山东半岛的牙山一带，主要分布于栖霞市的唐家泊镇、桃村镇、庙后镇和亭口镇等4个乡镇及周边的海阳、牟平、福山、蓬莱、招远、莱阳等地。

（二）产区自然生态条件

牙山位于北纬37°21′~37°23′、东经120°26′~120°28′，主峰海拔805m，属暖温季风型大陆性气候，始霜期10月底，终霜期4月中旬，无霜期190d左右，绝对高温35℃，绝对低温−18℃，平均气温10.5℃。年平均降水量700mm以上，雨量多集中在7—9月。春秋季多西南风，干旱。冬季多西北风，寒冷。

二、品种来源与变化

（一）品种形成

牙山黑绒山羊是在山东省胶东半岛昆嵛山系牙山一带的自然条件下，经400余年自然繁育而形成的绒肉兼用型山羊品种。其具有产绒量高、绒毛品质好、体重较大、适应性强、耐粗饲、抗逆性强等特点。

（二）群体数量及变化情况

据《栖霞县志》记载：唐家泊镇牙后村已有400余年饲养黑山羊的历史。1949年前后，牙后村有牙山黑绒山羊730余只，其附近村庄共存养3 700多只。1960年前后，牙山黑绒山羊存养量持续上升，牙山一带的牙后村、陈家疃、李家庄等20多个村庄都有大量牙山黑绒山羊养殖，其他地方也有少量分布，牙山一带共有牙山黑绒山羊1万只左右。后来牙山黑绒山羊发展有升有降，发展不够稳定，到1978年还有4 000只左右。1990年开始，山东、烟台、栖霞省市县三级联合实施了牙山黑绒山羊保种选育项目，经过20多年的发掘、繁育和选育工作，牙山黑绒山羊数量由1990年的8 500余只发展到2017年的2万余只；成年公、母羊平均产绒量分别达到（640.50 ± 24.07）g和（502.63 ± 18.82）g。

三、品种特征和性能

（一）体型外貌特征

1. 外貌特征 牙山黑绒山羊全身被毛黑色，体格较大，体质健壮，结构匀称，胸宽而深，背腰平直，后躯稍高，体长大于体高，呈长方形。四肢端正，强健有力，蹄质坚实，善于登山。面部清秀，眼大有神，两耳半垂，有前额毛，颌下有须。公、母羊均有角，公羊角粗大，向后两侧弯曲伸展；母羊角向后上方捻曲伸出。尾短上翘。

牙山黑绒山羊公羊

牙山黑绒山羊母羊

2. 体重和体尺 牙山黑绒山羊成年羊体重和体尺见表1。

表1 牙山黑绒山羊成年羊体重和体尺

性别	数量	体重（kg）	体高（cm）	体长（cm）	胸围（cm）	管围（cm）
公	12	48.83±3.61	69.25±3.57	82.49±2.52	89.78±3.47	9.05±0.71
母	45	38.56±2.73	59.79±3.21	70.91±3.76	78.92±3.61	8.12±0.58

注：2017年在山东省栖霞市牙山黑绒山羊原种场测定。

（二）生产性能

1. 产绒性能 牙山黑绒山羊成年羊产绒性能测定结果见表2。

表2 牙山黑绒山羊成年羊产绒性能

性别	数量	产绒量（g）	绒长度（cm）	绒细度（μm）	净绒率（%）
公	25	640.50±24.07	6.48±0.27	16.15±0.26	54.06±3.05
母	240	502.63±18.82	6.82±0.15	15.72±0.18	56.25±1.67

注：2017年在山东省栖霞市牙山黑绒山羊原种场测定。

2. 产肉性能 牙山黑绒山羊屠宰性能测定结果见表3。

表3 牙山黑绒山羊屠宰性能

组别	数量	宰前重（kg）	胴体重（kg）	净肉重（kg）	骨重（kg）	屠宰率（%）	净肉率（%）	骨肉比
成年组	4	38.03±2.81	17.17±1.83	13.48±1.54	3.28±0.38	45.15±1.97	35.45±1.80	1:4.11
羔羊组	4	20.05±1.36	8.85±0.61	6.82±0.64	2.00±0.11	44.14±1.02	34.01±1.12	1:3.41

注：1993年在山东省栖霞市牙山林场测定。

3. 繁殖性能 牙山黑绒山羊公、母羊性成熟期一般在 5 ~ 6 月龄；公羊参加配种一般要到 6 月龄、体重达到 20kg 以上，母羊的初配年龄通常为 6 月龄、体重为 18kg 左右。母羊属于季节性多次发情，主要为春秋两季，集中在 10 底到 12 月初；发情周期为 18 ~ 21d，发情持续期 24 ~ 48h，平均妊娠期为 148.27d。生产中，母羊一般安排 1 年 1 胎或 2 年 3 胎，每胎产 1 ~ 2 羔。据统计，牙山黑绒山羊的胎产羔率平均为 110.75%，其中初产母羊为 100%，经产母羊为 113.7%，双羔率为 11.69%。公羔初生重（2.80 ± 0.05）kg，母羔初生重（2.47 ± 0.03）kg。

四、品种保护与研究利用

采用保种场保护。近年来，围绕牙山黑绒山羊的研究、开发和利用，山东农业大学、吉林农业大学、西北农林科技大学、中国农业科学院等许多大专院校、科研院所的专家学者前来考察，对牙山黑绒山羊的保种与开发工作提出了许多合理化的建议，为全面做好牙山黑绒山羊的保种、选育和产业化开发提供了科学依据。现阶段，已在栖霞市建起牙山黑绒山羊国家级保种场 1 处，在蓬莱市建起牙山黑绒山羊保种场 1 处，实施了科学的保种与开发利用计划，并建立起完整的品种登记制度。牙山黑绒山羊已推广到山东省泰安、淄博、威海、日照等市，表现出较好的适应性和杂交优势。

五、品种评价

牙山黑绒山羊是我国优秀的绒肉兼用型山羊品种，其突出特点是所产绒为紫绒、产绒量高、绒毛品质好、体重较大、肉质细嫩、膻味较小。今后应加强本品种选育，扩大群体数量，在保持高产绒量的基础上，进一步提高其肉用性能和繁殖力。

金川牦牛

金川牦牛（Jinchuan Yak），俗称多肋牦牛或热它牦牛，属肉用型牦牛品种。

一、一般情况

（一）中心产区及分布

金川牦牛中心产区位于四川省阿坝藏族羌族自治州金川县毛日乡、阿科里乡，主要分布在金川县太阳河、俄热、二嘎里、撒瓦脚、卡拉足等 20 个乡镇。

（二）产区自然生态条件

金川牦牛中心产区位于北纬 31°19′~31°28′、东经 101°24′~101°43′。境内海拔 3 500m 以上，为高山草甸牧场；该区域位于大雪山北段，产区的四周有很多难以翻越的高山、峡谷、深沟，与其他地区形成自然隔离。地质结构错综复杂，地理环境形成典型的高原季风气候，昼夜温差大，年平均气温 12.8℃，年平均日照时数 2 129.7h，年降水量 603~900mm。由于海拔高，气候、光照、水分、地形、土壤等因素的影响，形成了草地类型的多样性和复杂性，植物种类十分丰富。

二、品种来源与变化

（一）品种形成

据产区藏族先祖们在祭祀活动时留下的刻有文字的石板记载，当地藏族人民数百年以前就以饲养牦牛为生。人们喜欢选留外貌雄壮威武、体型高大、结实紧凑的公牦牛和头部清秀、胸深而阔、腹大而不下垂、骨盆较宽、乳房发育好的母牦牛，加上高山、峡谷、深沟、河流导致自然隔离的封闭条件，即形成了金川牦牛。

（二）群体数量及变化情况

金川牦牛 2008 年存栏 6.1 万头，2012 年存栏 6.3 万头，2017 年存栏 6.9 万头。

三、品种特征和性能

（一）体型外貌特征

1. 外貌特征 金川牦牛被毛基础毛色为黑色，白色花斑个体占多数。头部狭长，额宽，公、母牛均有角。颈肩结合良好，鬐甲较高。体躯呈矩形，较长，背腰平直，腹大不下垂。前躯发达，胸深，肋开张，后躯丰满，尻部较宽、平。四肢较短而粗壮，蹄质结实。公牦牛头部粗重，体型高大。母牦牛头部清秀、后躯发达、骨盆较宽。具有 15 对肋骨的个体在中心产区占 52%以上。

金川牦牛公牛

金川牦牛母牛

2. 体重和体尺 秋季对金川牦牛成年公牛 280 头、母牛 240 头进行测定，测定的成年公牛平均体重为（405.00±28.98）kg，成年母牛平均体重为（250.38±36.62）kg；测定结果见表1。

表1 金川牦牛成年公、母牛体尺和体重

性别	样本数	体重（kg）	体高（cm）	体斜长（cm）	胸围（cm）
公	280	405.00±28.98	123.10±5.91	155.60±7.13	190.90±10.25
母	240	250.38±36.62	105.88±7.64	130.63±8.75	160.13±9.03

（二）生产性能

1. 产肉性能 在自然放牧条件下，对成年牦牛公牛、母牛进行屠宰测定，测定结果见表2。

表2 成年牦牛屠宰测定结果

性别	样本数	宰前重（kg）	胴体重（kg）	净肉重（kg）	屠宰率（%）	净肉率（%）	胴体产肉率（%）
公	8	379.88±49.06	209.20±33.08	168.34±23.81	55.51±2.66	44.81±1.37	80.66±2.52
母	9	256.11±8.58	132.36±9.12	105.77±7.76	51.67±2.65	41.27±2.28	79.88±1.33

对金川牦牛成年公牛背最长肌、股二头肌常规营养成分进行测定，结果见表3。

表3 肌肉营养成分测定结果

肌肉	粗灰分（%）	粗蛋白质（%）	肌内脂肪（%）
背最长肌	1.20±0.01	22.10±3.93	1.73±0.45
股二头肌	1.30±0.01	22.17±3.77	0.81±0.28

2. 产奶性能 在自然放牧条件下，每天挤奶两次，5—9 月共 153d 挤奶量为：经产 160kg 以上。产奶量测定结果见表4。

3. 产毛性能 经对 100 头金川牦牛产毛性能进行随机抽样测定，结果显示每头牦牛平均每年可产牛毛 1.5~3kg、产牛绒 0.3~0.75kg。

表 4　金川牦牛产奶量

胎次	5 月（kg）	6 月（kg）	7 月（kg）	8 月（kg）	9 月（kg）	153d 产奶量（kg）
初产	35.65 ± 11.25	36.75 ± 11.20	42.81 ± 12.20	48.85 ± 15.38	30.95 ± 8.94	195.01 ± 26.78
经产	38.56 ± 11.18	48.68 ± 12.88	46.92 ± 14.01	56.27 ± 19.32	29.2 ± 12.40	219.63 ± 31.78

4. 繁殖性能　在自然放牧条件下，公牦牛初配年龄为 3.5 岁，5～10 岁为繁殖旺盛期。母牦牛初配年龄为 2.5 岁，利用年限可以达到 12 年，发情季节 6—9 月，7—8 月为发情旺季，发情周期为 19～22d，发情持续期为 48～72h，妊娠期一般为 250d。

四、品种保护与研究利用

采用保种场保护，成功申报了金川牦牛原种场，申报了金川牦牛保护区，组建了金川牦牛选育核心群。组建保种核心群 3 073 头，保种扩繁群 3 529 头，更换种畜 700 头。建立"核心群 + 扩繁群 + 选育大户保种选育及打造品牌科学合理开发利用"的金川牦牛遗传资源保护与开发模式，为牦牛遗传资源保护与开发做出了良好示范。

五、品种评价

金川牦牛可在整个青藏高原乃至世界相同生态区域广泛推广应用。推广无特殊要求，要有优良的草地资源和良好的生态环境，海拔在 3 000m 以上的高山草地和草原。随着国家生态补助奖励政策的深入推进，加强草原保护，减畜显得尤其重要，从数量型养殖向质量型养殖转变对品种要求更为严格。金川牦牛具有产肉量高、产奶量高、繁殖力强等特点，是最适宜推广的牦牛品种。

马踏湖鸭

马踏湖鸭（Matahu Duck）属于蛋用型地方品种。当地人称其为"湖鸭"或"麻鸭"。

一、一般情况

（一）中心产区及分布

马踏湖鸭原产地为山东省淄博市桓台县，中心产区位于桓台县北部马踏湖区的起凤镇、荆家镇及其周边的田庄镇、马桥镇、唐山镇、索镇等乡镇，相邻的博兴、高青、临淄、邹平等县区均有分布。

（二）产区自然生态条件

桓台县位于北纬36°51′~37°06′、东经117°50′~118°10′，属温带半干旱、半湿润、季风型、大陆性气候。春、秋两季干旱、少雨、多风，夏季降水集中，冬季雨雪稀少、寒冷干燥。年平均气温12.5℃，最低气温－6℃，最高气温38℃，年平均降水量586.4mm，主要集中在7—8月，占全年的50.1%。无霜期198d，充足的阳光，较多的热量，温和的气候，对马踏湖鸭生长繁育非常有利。

二、品种来源与变化

（一）品种形成

桓台县马踏湖区养鸭历史悠久，春秋战国时期已有史料记载。两千多年来，湖区群众依托当地得天独厚的地理和自然资源条件驯养当地湖鸭，不断发展蛋鸭养殖业，传承鸭文化；生产的"青壳皇家贡品级金丝鸭蛋"声誉远扬，蛋鸭养殖已逐渐成为马踏湖区农业经济与人文景观的重要元素。马踏湖鸭经过长期的驯化与饲养选育，逐步形成了独特的种质特性，具有优越的经济性状。

长期以来，马踏湖区养鸭群众有选留种鸭的习惯，一般进鸭苗时都带一部分公鸭，在饲养过程中逐步淘汰生长发育不良的个体，最后留下生长快、毛色鲜艳、发育良好的公鸭，挑选出开产早的母鸭与之合群，生产种蛋，一部分自用，一部分销售。20世纪80年代以来，湖区养殖户自发地将体型大、产蛋少的母鸭淘汰掉，选留了体型小、产蛋多的母鸭。最终形成了现在的马踏湖鸭。

（二）群体数量及变化情况

2014年马踏湖鸭总饲养量达到169万只，其中马踏湖区常年存养量近30余万只。养鸭合作社达到5家，外销青年鸭130余万只，主要销往相邻的区县和省内各地市及华北、东北等省市。每年外调种蛋150余万枚，年产、销鲜鸭蛋510余万kg，销往全国各地。2012年以来，经畜牧部门检疫调往东北三省的青年鸭70余万只、种蛋140余万枚。

据调查，饲养马踏湖鸭规模在500只以上的养殖户已达到153户，其中饲养规模在3 000只以上的36户；常年饲养马踏湖鸭种鸭的场户共14户，存栏规模2.8余万只，年产种蛋600余万枚；新建及改建孵化厅5处，年孵化能力450万枚，生产雏鸭165万只以上。

三、品种特征和性能

（一）体型外貌特征

1. 外貌特征 马踏湖鸭体型较小，颈细长，前胸较小，后躯丰满，虹彩呈褐色，皮肤呈白色。

雏鸭：全身被毛黑色，颈、胸、腹毛色黑白相间。

公鸭：身体细长，喙黄绿色，喙豆黑色。头颈部羽毛翠绿色，具金属光泽，主、副翼羽翅尖"镶"白边。背部羽毛黑白相间，胸部羽毛棕褐色，腹部羽毛灰白色，尾羽黑色，性羽墨绿色并向上卷曲。胫、蹼橘红色，爪黑色。

母鸭：喙青灰色或土黄色，喙豆黑色。全身羽毛褐麻色。主、副翼羽翅尖"镶"白边。胫、蹼橘黄色，爪黑色。育成期母鸭随着日龄增加，全身羽毛颜色由黑麻色逐渐变为褐麻色。

马踏湖鸭公鸭

马踏湖鸭母鸭

2. 体重和体尺 马踏湖鸭成年鸭体重和体尺测定结果见表1，不同周龄体重测定结果见表2。

表1　马踏湖鸭成年体重和体尺

性别	体重（g）	体斜长（cm）	半潜水长（cm）	胫长（cm）	胫围（cm）
公	1 491.5±85.58	21.82±1.21	48.75±1.58	5.68±0.074	3.84±0.048
母	1 544±75	21.62±0.99	43.66±0.87	5.51±0.129	3.58±0.082

注：2014年12月18日国家畜禽遗传资源委员会专家随机抽取300日龄公鸭15只、母鸭30只测定。

表2　生长期体重测定结果

性别	初生（g）	1周龄（g）	2周龄（g）	3周龄（g）	4周龄（g）
公	47.7±2.6	134.5±7.7	340.2±16.5	485.6±19.2	579.5±23.1
母	48.4±2.8	139.9±8.4	348.8±17.3	497.5±20.9	599.8±26.6

性别	6周龄（g）	9周龄（g）	11周龄（g）	13周龄（g）	15周龄（g）
公	804.1±27.1	1 070.2±31.6	1 136.7±31.2	1 222.6±37.5	1 288.3±41.2
母	831.6±31.8	1 107.5±34.9	1 171.6±36.4	1 261.8±43.6	1 326.2±48.7

注：2012年3月至2012年6月，桓台县畜牧兽医局与青岛农业大学优质水禽研究所跟踪1 200只鸭群随机抽测各30只的结果。

（二）生产性能

1. 屠宰性能 马踏湖鸭屠宰性能测定结果见表3。

表3 屠宰测定结果

性别	体重（g）	屠宰率（%）	半净膛率（%）	全净膛率（%）	腿肌率（%）	胸肌率（%）	腹脂率（%）
公	1 491 ± 85	89.73 ± 5.13	78.45 ± 4.29	71.23 ± 3.76	11.49 ± 1.63	12.10 ± 1.87	0.30 ± 0.23
母	1 544 ± 75	89.51 ± 3.86	76.98 ± 8.63	68.17 ± 7.66	11.76 ± 1.43	11.60 ± 1.40	0.63 ± 0.49

注：2014年9月，青岛农业大学优质水禽研究所在马踏湖区起凤镇随机抽测300日龄公、母鸭各30只的结果。

2. 繁殖性能 成年公鸭体重1.40～1.55kg，母鸭体重1.50～1.60kg。110日龄可见蛋，50%开产日龄为130～140日龄，受精率85%以上可长达6个月之久，年产蛋达280～300枚。

3. 蛋品质 马踏湖鸭蛋形测定结果见表4。

表4 蛋形测定结果

蛋重（g）	蛋形指数
71.83 ± 1.86	1.37 ± 0.036

注：2014年12月18日，国家畜禽遗传资源委员会专家现场抽取317日龄蛋鸭所产30枚鸭蛋的测定结果。

四、品种保护与研究利用

采用保种场保护。桓台县力腾马踏湖鸭原种场承担保种任务。

桓台县力腾马踏湖鸭原种场基建工作尚未完工，尚未开展马踏湖鸭的系统选育工作。

五、品种评价

马踏湖鸭体型小、开产早、耐粗饲、觅食力强、抗病力强、产蛋率和青壳蛋率高，是优良的地方品种。其体格强健，轻巧灵活，眼大有神，颈细长，前胸较小，后躯丰满，尾脂腺较发达，羽毛防湿性强。适宜在河流、池塘、苇田及平原放牧，也可舍内饲养，农户养殖多采用圈养与水面放养相结合的方式。

皖东牛

皖东牛（Wandong Cattle），是中国黄牛地方品种之一，经济类型属于肉役兼用型。

一、一般情况

（一）中心产区和分布

皖东牛主要分布在安徽省东部地区，包括滁州、蚌埠和合肥等市，中心产区位于凤阳、定远、明光、五河、来安等县（市）。

（二）产区自然生态条件

中心产区地处淮河以南、长江以北的江淮分水岭地区，位于北纬32°00′~33°12′、东经118°00′~118°57′的范围内；地貌类型以低山、丘陵、岗地、湖滨和沿河平原为主；海拔多为15~50m，部分地区达到100~130m。中心产区为北亚热带和南温带的渐变过渡带湿润季风气候，四季分明，温暖湿润。气候特征为：冬季寒冷少雨，春季冷暖多变，夏季炎热多雨，秋季晴朗凉爽；年平均气温14.8℃，最高气温40.8℃，最低气温-19.6℃；年平均湿度60%~70%；无霜期204d（4月10日至10月31日）；年平均降水量为912.5mm（473.8~1 561.2mm），夏季（6—8月）降水量最多，冬季（2—12月）降水量最少。夏季干燥指数为0.92，平均风速为2.6m/s，无沙尘暴。

二、品种来源与变化

（一）品种形成

皖东牛是在安徽省的江淮分水岭地区特殊地理环境条件下，长期自繁自育形成的。皖东江淮分水岭地区是古代吴楚相连之地，气候温和湿润，饲草十分丰富。历史上，黄牛是沿淮丘陵区农业生产的重要役畜。凤阳民间至今流传了很多关于朱元璋放牛的传说。据史料记载，皖东牛养殖在当地至少有五百多年的历史。

（二）群体数量及变化情况

（1）总头数　现阶段，皖东牛存栏量达6 000多头，其中凤阳县为1 530头、定远县为1 480头、来安县为1 020头、明光市为1 258头。

（2）成年公牛和繁殖母牛在全群中的比例　成年公牛119头，占全群的比例为1.98%；能繁母牛2 112头，占全群的比例为35.1%。

（3）数量规模变化：皖东牛近 15～20 年来数量显著下降。据统计部门数据显示，20 世纪 90 年代，该地区黄牛存栏量 10 万余头，但现阶段存栏不足 1 万头。

三、品种特征和性能

（一）体型外貌特征

1. 外貌特征

（1）毛色、肤色、蹄角色　公牛的基础毛色多为黄色、深褐色。黄色个体的头部、颈部、髻甲部毛色较深；深褐色个体的腹下、四肢内侧、尾中部毛色为浅褐色，尾梢均为黑色，且夏季躯干部毛色变浅。鼻镜多为黑褐色，偶有色斑，鼻孔周围为马蹄状白色，眼眶周围毛色较浅。母牛毛色多为黄色，全身毛色较一致，鼻镜多为粉色，鼻孔周围为马蹄状白色，眼眶周围毛色较浅。公、母牛蹄质坚实，大小适中，呈木碗状，蹄壳多为黄褐色。角基部灰白色，其余部分为黑褐色。

（2）被毛形态　皖东牛被毛短且较为细密，有的公牛头颈部有旋毛。

（3）整体结构　皖东牛体型中等偏大，躯干结实，结构较匀称，四肢较细短，管骨细而结实。公牛头稍粗重、颈较粗短，垂皮发达，髻甲较高，胸宽而深，前胸较发达，背腰平直；母牛清秀，头较长而轻，颈略细长，胸垂较小，胸宽适中，腹大不下垂。

（4）头部特征　公牛头部方正，耳平伸，耳壳厚，耳端较尖；角向前上方伸展，且多数角尖呈弧状向内弯曲，长度中等；角基椭圆形、较粗，呈灰白色；角尖黑色，呈圆锥形；母牛头长而轻，角型多数与公牛相似，但较细。

（5）前躯特征　公牛颈较粗短，肩峰和胸垂发达；母牛颈略细长，肩峰不明显，胸垂较小。

（6）中后躯特征　腰围大，无脐垂，尻部长度适中、较平直；飞节角度合适，为 140°～150°；尾细，略超过飞节；母牛乳房发育较好，乳头粗长。

皖东牛公牛

皖东牛母牛

2. 体重和体尺　对 10 头成年公牛、50 头成年母牛的体尺和体重进行测定，结果见表 1。

表 1　成年皖东牛体重和体尺

性别	数量（头）	体高（cm）	体斜长（cm）	胸围（cm）	管围（cm）	体重（kg）
公	10	128.59±7.58	157.67±8.06	188.50±11.04	19.80±1.24	522.55±79.80
母	50	118.54±8.90	142.37±8.27	168.09±7.80	16.71±0.93	374.15±50.38

注：测定时间：2011 年 7—8 月。测定地点：中心产区五个县。

对保种场和重点保护区内膘情较好的成年公、母牛的体尺和体重进行测定，结果见表 2。

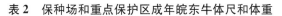

表2　保种场和重点保护区成年皖东牛体尺和体重

性别	数量（头）	体高（cm）	体斜长（cm）	胸围（cm）	管围（cm）	体重（kg）
公	12	142.58 ± 8.66	164.33 ± 5.97	206.42 ± 10.56	20.50 ± 1.24	650.49 ± 75.82
母	30	119.33 ± 6.50	144.37 ± 7.75	171.93 ± 8.57	17.45 ± 0.93	397.57 ± 50.19

注：测定时间：2014年11—12月。测定地点：凤阳县。

3. 体态结构　成年皖东牛体态结构指标测定结果见表3。

表3　成年皖东牛体态结构

性别	体长指数（%）	胸围指数（%）	管围指数（%）
公	122.61 ± 11.55	146.59 ± 15.04	15.40 ± 10.01
母	120.10 ± 12.08	141.80 ± 13.09	14.10 ± 9.33

（二）生产性能

1. 产肉性能　2011年8月，在凤阳县屠宰由农户饲养、未经育肥的24～30月龄公、母牛各3头，测定产肉性能，测定结果见表4至表6。

表4　皖东牛屠宰测定（1）

性别	数量（头）	屠宰重（kg）	肌肉厚（cm）	胴体重（kg）	净肉重（kg）	皮厚（mm）	骨骼重（kg）	眼肌高度（cm）	眼肌宽度（cm）
公	3	503.20 ± 44.12	5.91 ± 0.73	268.26 ± 22.84	216.24 ± 17.06	5.39 ± 0.40	52.02 ± 4.59	8.37 ± 0.73	10.50 ± 0.89
母	3	350.50 ± 35.31	5.10 ± 0.62	168.72 ± 17.17	138.63 ± 12.96	4.61 ± 0.42	30.08 ± 3.41	7.56 ± 0.62	9.84 ± 0.71

表5　皖东牛屠宰测定（2）

性别	数量（头）	屠宰率（%）	净肉率（%）	骨肉比	眼肌面积（cm²）
公	3	53.31 ± 5.48	42.97 ± 4.37	1:4.16	61.52 ± 5.68
母	3	48.14 ± 5.39	39.55 ± 4.36	1:4.61	52.07 ± 5.11

表6　皖东牛肉品质状况测定

性别	数量（头）	水分（%）	干物质（%）	粗蛋白质（%）	粗脂肪（%）	粗灰分（%）
公	3	77.66 ± 8.71	22.34 ± 2.92	20.15 ± 2.23	1.25 ± 0.15	0.94 ± 0.13
母	3	75.64 ± 7.02	24.36 ± 3.57	21.08 ± 2.40	2.13 ± 0.17	1.15 ± 0.35

2. 产奶性能　随机挑选3头泌乳母牛，对其进行乳用性能及乳品质测定，结果见表7、表8。

表7　皖东牛泌乳性能测定结果

数量（头）	泌乳期天数（d）	泌乳期产乳量（kg）
3	196.30 ± 17.09	614.50 ± 43.92

表8　皖东牛乳成分测定结果

数量（头）	水分（%）	干物质（%）	蛋白质（%）	乳脂率（%）	乳糖（%）	灰分（%）
3	85.68 ± 3.75	14.58 ± 0.97	3.72 ± 0.17	5.81 ± 0.49	4.72 ± 0.37	0.79 ± 0.08

注：2011年8月在安徽省凤阳县测定，成年母牛3头。

3. 役用性能　随机挑选1头成年公牛和1头成年母牛进行役用性能测定，结果见表9。皖东牛主要用于犁田、耙田、耖田、打场，集中于每年的春秋两季，全年使役时间约100d。最大挽力公牛为602.10kg，占体重的133.8%，母牛为347.09kg，占体重的113.8%。

表9　成年皖东牛役用性能测定结果

性别	数量（头）	挽曳工作量路程（km）	驮载骑乘劳役一般速率（km/h）	挽曳工作量时间（h）	日耕耙工作量（hm²）	挽曳工作量负重（kg）
公	1	30.0	5.7	8.0	0.20	400.0
母	1	30.0	3.8	8.0	0.10	270.0

注：2011年7月在凤阳县测定，成年公牛1头，成年母牛1头。

4. 繁殖性能　随机对皖东牛适龄公牛和适龄母牛各10头进行繁殖性能的调查记录。母牛1～1.5岁性成熟，适配年龄1.5～2岁；母牛发情持续期1～2d，发情周期平均21d，妊娠期280～290d，平均282d。母牛常年发情，但冬季和夏季发情较少。公牛适配年龄2～2.5岁。适龄母牛的繁殖性能数据具体见表10。

表10　皖东牛适龄母牛繁殖性能调查结果

数量（头）	性成熟月龄	初配月龄	发情周期（d）	妊娠期（d）	出生犊牛数（头）	犊牛初生重（kg）	犊牛断奶重（kg）	哺乳期日增重（kg）	断奶后犊牛成活数（头）	断奶后犊牛死亡数（头）	犊牛成活率（%）	犊牛死亡率（%）
10	15	20	21	282	8	19.16 ± 3.11	89.75 ± 0.76	0.38 ± 0.02	8	0	100	0

注：2011年8月在安徽省凤阳县调查，成年母牛10头。

四、品种保护与研究利用

中心产区建立了保种场一家，建立了皖东牛核心群，现阶段，核心群存栏量308头，其中公牛19头，母牛289头。初步划定了保护区，建立了品种登记制度，制订了《皖东牛保种方案》，启动了本品种选育工作。

五、品种评价

皖东牛是皖东江淮分水岭地区农民群众长期自发选育的地方优良品种。皖东牛体格中等偏大，后躯发达，肉用性能理想，属优良的肉役兼用型地方良种，且具有耐粗饲、耐热、耐寒、抗病力强、性情温驯、易饲养等特性，是我国宝贵的畜禽遗传资源，在优质肉牛生产中具有较高的开发利用价值。

丽江猪

丽江猪（Lijiang Pig），因产于云南省丽江市而得名，属肉脂兼用型地方遗传资源品种，是中国猪地方品种之一。

一、一般情况

（一）中心产区及分布

丽江猪分布于丽江市玉龙纳西族自治县、古城区、宁蒗县境内金沙江沿线海拔 1 700m 以上的山区、半山区乡（镇），中心产区为玉龙纳西族自治县塔城乡、巨甸镇、鲁甸乡、石鼓镇、黎明傈僳族乡、大具乡、鸣音乡、宝山乡、奉科乡，古城区大东乡，宁蒗县拉伯乡、永宁乡、翠玉傈僳族普米族乡、金棉乡、西川乡、永宁坪乡、烂泥箐乡共 17 个乡（镇）。

（二）产区自然生态条件

丽江猪产区丽江市位于云南省西北部云贵高原与青藏高原连接部，北纬 25°23′~27°56′、东经 99°23′~101°31′，全市总面积 21 219km²，辖古城区、玉龙纳西族自治县、永胜县、华坪县、宁蒗彝族自治县，共 69 个乡（镇）446 个村民委员会，山区占 92.3%，高原坝区占 7.7%。

全市属低纬暖温带高原山地季风气候，地势西北高东南低，最高点玉龙雪山主峰（海拔 5 596m），最低点华坪县石龙坝乡塘坝河口（海拔 1 015m），最大高差 4 581m。由于海拔高差悬殊大，从南亚热带至高寒带气候均有分布，气候的垂直差异明显，年温差小而昼夜温差大，年平均气温 12.6~19.9℃，全年无霜期 191~310d，年均降水量 910~1 040mm，雨季集中在 6—9 月，年平均日照时数 2 321~2 554h。全市耕地面积约 10.4 万 hm²，土壤分为 13 个土类、21 个亚类、43 属、52 个土种，粮食作物有水稻、玉米、小麦、蚕豆、薯类、大麦、荞麦、燕麦等。

二、品种来源与变化

（一）品种形成

根据古籍及文献记载推断：丽江猪来源于古代野猪，经驯养、驯化和长期封闭繁育而成，曾叫"琵琶猪"；根据丽江管辖地域的历史变迁，丽江猪和现分布于迪庆州的迪庆藏猪、分布于怒江州的高黎贡山猪乃至分布于楚雄州的撒坝猪可能有一定关系；根据纳西族的迁徙历史、时间及礼俗推断，纳西族用该猪作为祭天的必备祭品，最早可追溯到唐武德年间（618—626 年）。

（二）群体数量及变化情况

通过初步调查，发现丽江猪的分布范围大幅缩小，在丽江市华坪县、永胜县未发现丽江猪的集中分布区，上述曾引进过外种猪杂交的地区及相邻地区、城镇周边、坝区、交通条件较好的乡镇也未发现丽江猪；小体型丽江猪（高原型）暂未发现；丽江猪存栏数量变化虽不太大，但却逐年下降，2013 年存栏 45 414 头，其中能繁母猪 15 743 头；2015 年存栏 38 084 头，其中能繁母猪 12 019 头；2016 年存栏 32 545 头，其中能繁母猪 10 892 头；2017 年存栏 29 856 头，其中能繁母猪10 038 头。

三、品种特征和性能

（一）体型外貌特征

1. 外貌特征 丽江猪全身被毛稀长、毛色全黑，少数有"六白"或"不完全六白"特征，即前额、尾尖、四肢系部以下为白毛（俗称"白玉顶、白尾巴、白脚杆"）。头中等大小，耳大、呈八字型向前倾斜下垂。额部有八卦、倒八卦或古钱纹（俗称"八卦头"），嘴筒长，鼻吻部上翘、有一至三道箍，颜面部微凹。颈长。背较窄、平直（俗称"木梳背"），腰平直。腹大紧凑、平直不下垂。体躯较长。臀大肌发达、臀部略倾斜。尾较长，延至飞节以下，尾根粗，尾尖圆，尾尖毛呈马尾形。四肢端正，前低后高，蹄坚实（俗称"麂子蹄"或"铁脚杆"），能拱善跑。乳头数 5～6 对。

丽江猪公猪

丽江猪母猪

2. 体重和体尺 2015 年 4 月至 2015 年 8 月，玉龙县畜牧兽医局、云南农业大学动物科技学院、云南省家畜改良工作站和丽江市畜牧兽医局从玉龙县购买农户繁殖的 2～3 月龄未去势的丽江猪断奶仔猪 30 头（公猪 15 头、母猪 15 头），进行种猪体重及体尺测定，结果见表 1。

表1 丽江猪 * 体重和体尺测定结果

项目	3 月龄		4 月龄		6 月龄	
	公	母	公	母	公	母
样本量	15	15	14	13	12	12
体重（kg）	18.18 ± 4.13	15.28 ± 2.42	26.28 ± 5.79	24.64 ± 4.04	59.82 ± 6.62	55.80 ± 7.84
体高（cm）	43.67 ± 3.20	44.33 ± 2.16	50.33 ± 3.57	48.25 ± 3.69	57.80 ± 2.68	53.20 ± 3.27
体长（cm）	71.00 ± 5.06	70.67 ± 4.18	80.11 ± 5.30	82.50 ± 3.89	106.40 ± 14.15	103.80 ± 7.60
胸围（cm）	60.00 ± 4.94	58.33 ± 3.27	68.56 ± 5.70	69.63 ± 3.96	91.20 ± 2.49	91.20 ± 4.15
腹围（cm）	66.67 ± 6.02	63.83 ± 3.43	76.00 ± 6.14	76.88 ± 6.90	101.20 ± 4.02	108.80 ± 5.89
管围（cm）	12.00 ± 0.89	11.17 ± 0.41	12.44 ± 0.88	12.75 ± 0.89	16.20 ± 1.92	15.20 ± 1.30
尾长（cm）	23.50 ± 1.05	25.33 ± 1.51	25.78 ± 2.28	27.38 ± 2.50	30.50 ± 1.66	32.20 ± 0.45

注 *：未去势。

2012年11月，玉龙县畜牧兽医局畜牧产业发展工作站在玉龙县奉科乡、鸣音乡、宝山乡、石鼓镇、黎明乡和鲁甸乡共6个乡镇选择农户饲养的母猪89头、公猪（已去势）41头进行体尺测量，结果见表2。

表2　丽江猪体尺测定结果*

性别	头数	体高（cm）	体长（cm）	胸围（cm）	尾长（cm）
公	41	67.5 ± 6.3	111.0 ± 14.5	106.1 ± 14.5	39.0 ± 5.9
母	89	64.0 ± 8.2	102.6 ± 14.4	95.6 ± 13.9	35.7 ± 4.1

注*：产区农户饲养，已去势。

（二）生产性能

1. 育肥性能　2015年4月16日至2015年8月21日，玉龙县畜牧兽医局、丽江市畜牧兽医局、云南省家畜改良站和云南农业大学动物科技学院从玉龙县宝山乡吾木村吾木组、苏明组，九河乡关上村购买农户饲养的丽江猪断奶仔猪30头进行育肥试验，结果见表3。

表3　丽江猪育肥性能

体重阶段（kg）		组别	平均日采食量（kg）	平均日增重（g）	料重比
开始	结束				
23.62 ± 1.48	63.93 ± 3.66	试验Ⅰ组	1.90 ± 0.14	510.3 ± 112.7	3.72 ± 1.04
24.00 ± 1.50	71.29 ± 7.28		1.84 ± 0.16	712.2 ± 51.4	2.58 ± 0.25
71.29 ± 7.28	89.55 ± 7.83	试验Ⅱ组	2.64 ± 0.08	537.0 ± 137.5	4.92 ± 1.78
24.00 ± 1.50	89.55 ± 7.83		2.11 ± 0.09	652.0 ± 62.3	3.24 ± 0.40

2. 胴体性能　2012年12月25日、2013年1月7日、2015年8月1日、2015年8月21日，玉龙县畜牧兽医局、云南省家畜改良工作站、云南农业大学动物科技学院和丽江市畜牧兽医局对丽江猪胴体性能进行了测定，结果见表4。

表4　丽江猪胴体性能

测定年份	2015	2015	2012	2013
头数	8	10	10	10
屠宰体重（kg）	63.93 ± 3.66	89.55 ± 7.83	119.69 ± 24.62*	86.61 ± 10.67#
屠宰率（%）	72.07 ± 0.97	75.18 ± 1.16	70.45 ± 4.04	79.40 ± 6.23
胴体直长（cm）	82.92 ± 3.72	92.00 ± 3.79	—	81.90 ± 7.46
胴体斜长（cm）	70.92 ± 1.80	78.83 ± 8.04	—	67.05 ± 9.34
眼肌面积（cm²）	18.33 ± 6.67	22.26 ± 3.72	18.45 ± 6.25	18.94 ± 4.59
平均背膘厚（cm）	3.36 ± 0.52	4.28 ± 0.30	5.56 ± 1.40	4.51 ± 0.85
6~7肋间膘厚（cm）	3.82 ± 0.80	4.86 ± 0.40	6.69 ± 1.48	5.09 ± 0.75
皮厚（mm）	2.8 ± 0.7	5.0 ± 0.9	4.97 ± 0.63	4.6 ± 0.9
腿臀比例（%）	26.60 ± 1.18	26.23 ± 1.16	—	21.79 ± 1.57
胴体瘦肉率（%）	45.10 ± 2.00	43.68 ± 2.20	41.69 ± 5.33	40.97 ± 2.62

注*：农户育肥猪只，屠宰时年龄（2.79 ± 0.4）岁；#：农户育肥猪只，屠宰时年龄（2.65 ± 0.6）岁。

3. 肉质性能 2013 年 1 月 7 日、2015 年 8 月 1 日、2015 年 8 月 21 日，云南农业大学动物科技学院、玉龙县畜牧兽医局和云南省家畜改良工作站分别测定了丽江猪的肉质，结果见表 5。

表 5 丽江猪肉质

测定年份	2015	2015	2013
头数（头）	8	10	10
屠宰体重（kg）	63.93±3.66	89.55±7.83	86.61±10.67#
肉色（分）	3.58±0.80	3.33±0.26	3.40±0.32
大理石纹（分）	4.00±0.32	3.59±0.63	3.60±0.57
pH_1	6.53±0.05	6.23±0.05	6.18±0.13
失水率（%）	18.69±2.55	16.93±1.86	19.50±5.03
熟肉率（%）	66.13±3.84	63.90±2.86	67.05±8.99
滴水损失（%）	5.89±1.56	3.79±1.15	2.04±1.00

注#：农户育肥猪只。

4. 繁殖性能 据文献资料记载，结合 2012 年 11 月至 2015 年 5 月对玉龙县产区丽江猪的了解、观察，询问养殖户，丽江猪性成熟较早，公猪 2 月龄左右就有爬跨行为，3 月龄即开始配种；母猪 3 月龄开始发情，5~6 月龄配种，母猪发情周期 17~24d，发情持续期 2~5d，使用年限一般 6~7 年，少数超过 10 年，经产母猪平均产仔数 5~7 头。

四、品种保护与研究利用

丽江猪目前还没有建立经省级（及以上）业务主管部门认定的保种场，保种、利用计划正在制订中，玉龙县畜牧兽医局已对玉龙县境内丽江猪核心产区实行严格控制，禁止其他猪种进入，同时已有公司参与，建成存栏基础母猪 300 头的规模化猪场，并从丽江猪产区收集、购买丽江猪进行前期饲养观察。

五、品种评价

丽江猪是一个在相对封闭的环境条件下经产区农户长期选择形成的肉脂兼用型地方猪种，耐粗饲，适应高海拔山区、半山区放牧等低饲养水平和恶劣自然条件，其体型较大、体躯较长，是云南省唯一具有多肋骨性状的猪种；其性成熟早，产仔数低；沉脂能力强，胴体瘦肉率低，肌内脂肪含量高，肉味鲜美，属于珍稀的地方猪种遗传资源。

今后应进一步对该猪种进行全面的资源摸底调查及评估，重点针对生长速度、脂肪沉积、多肋骨、多椎骨几个性状进行深入的遗传品质发掘，揭示其形成的原因与机制，探索其利用的方式与途径；制订该品种的保种及开发利用方案，划定保护区、建立保种场，建立健全良种繁育体系及杂交生产体系，有计划地开发利用，为合理、充分利用这一猪种资源，在滇西边境深度贫困片区发展高原特色养猪生产，增加优质猪肉产量，增加农民收入，促进农民脱贫致富做出更大贡献。

太行鸡

太行鸡（Taihang Chicken），曾用名河北柴鸡，属蛋肉兼用型。

一、一般情况

（一）原产地、中心产区及分布

太行鸡原产地为河北省太行山区和山麓平原，中心产区是河北省沙河市、赞皇县、涞源县等地。主要分布在河北省境内的邯郸以北、涞源以南的太行山区及周边地区。如峰峰、武安、沙河、临城、赞皇、井陉、平山、灵寿、满城、易县、涞源、涞水等地，山前平原区也有饲养。

（二）产区自然生态条件

河北省地处北纬36°05′~42°37′、东经113°11′~119°45′，平均海拔2 000m以下，属温带大陆性季风气候。大部分地区四季分明。年平均日照时数在2 400~3 100h，年无霜期在120~200d，年平均降水量在300~800mm，年平均气温在4~13℃。主要农作物有玉米、小麦、棉花、大豆、花生等。

二、品种来源与变化

（一）品种形成

太行鸡的形成是在当地自然生态环境条件下，经民间长期选育而成的地方品种。据河北省武安市磁山文化遗址中发掘出土的鸡遗骨，经放射性碳素分析，断代为（7 355±100）年，加之树轮校正值，实际年代应在距今8 000年以上。据《大名府志》（明正德丙寅版）卷之三记载："鸡二千五百八十只、鹅五千只"。说明当时以食鸡肉为主，并已作为贡品。据《完县志》（民国23年版）物产篇记载："鸡……若饲养得法，产卵实足。初年可得二十四枚，二三年后约一百至二百枚，最良者能达三百枚之多。"证明太行鸡的形成受人们生活习惯、养殖目的影响，可能经历了从肉用型向蛋肉型方向发展。

（二）群体数量及变化情况

1932年，据《中国经济年鉴》（1934年版）记载全省养殖量为1 056万只；1949年饲养量1 336万只，1960年饲养量1 862万只，1970年约为2 000万只，20世纪70年代后，随着外来品种的引入和交通的逐渐发达，养殖者追求产蛋性能，"洋鸡"数量迅猛增加，太行鸡饲养量迅速下滑。到90年代末期，估计存栏量不足200万只。进入21世纪以来，随着人们生活水平的提高，对具有地方风味的柴鸡蛋、肉需求量加大，一些养殖者利用太行山区荒山、荒坡、果园、树林等不适宜耕种的地区建设了规模化柴鸡饲养场。到 2006 年全省养殖量达到 466.7 万只，2014 年年底存栏 1 123 万只。

三、品种特征和性能

（一）体型外貌特征

1. 外貌特征 太行鸡外貌清秀，体型小、匀称、结实、皮薄骨细，头较小、颈细，尾翘、尾羽较长。羽毛颜色以麻花色为主，占 86% 左右，黑色约占 8%，白色约占 6%。胫青色，喙黑色，皮肤白色，耳叶白色或粉色，单冠，5～7 冠齿。

麻色成年公鸡体羽红色，尾羽和翼羽黑色；白色公鸡羽毛白色为主，个别带少量红色；黑公鸡以黑色为主，个别颈部有少量红羽。

麻色成年母鸡体羽麻色，尾羽羽梢黑色；白色母鸡羽毛白色；黑母鸡以黑色为主，个别颈部有少量红羽。

白色太行鸡公鸡

白色太行鸡母鸡

黑色太行鸡公鸡

黑色太行鸡母鸡

麻色太行鸡公鸡

麻色太行鸡母鸡

2. 体重和体尺　太行鸡成年鸡体重、体尺指标见表1。生长期各阶段体重见表2。

表1　太行鸡体重和体尺指标（300日龄）

性别	体重（g）	体斜长（cm）	胸宽（cm）	胸深（cm）	龙骨长（cm）	胫长（cm）	胫围（cm）	髋骨宽（cm）
公	1 745.00 ± 184.00	21.13 ± 2.05	6.48 ± 1.60	11.02 ± 1.05	11.56 ± 1.75	10.88 ± 1.05	4.16 ± 0.45	9.56 ± 1.62
母	1 388 ± 141.00	17.53 ± 1.76	6.08 ± 1.25	9.23 ± 2.05	9.66 ± 0.90	8.92 ± 1.01	3.32 ± 0.31	8.66 ± 2.55

注：①赞皇县天然农产品开发有限公司提供；②测定方法参照 NY/T 823—2004。

表2　太行鸡生长期各阶段体重

单位：g

性别	初生重	周　龄									
		2	4	6	8	10	12	14	16	18	20
公	31.28 ± 3.22	145.34 ± 15.23	258.12 ± 20.98	352.14 ± 30.68	581.11 ± 83.20	798.61 ± 86.98	956.74 ± 203.56	1 105.41 ± 190.89	1 378.92 ± 210.53	1 588.66 ± 283.79	1 631.92 ± 291.00
母	31.28 ± 3.12	143.70 ± 13.26	242.38 ± 28.67	335.14 ± 44.13	501.79 ± 60.45	624.83 ± 67.43	746.82 ± 103.21	879.48 ± 158.80	1 018.34 ± 187.90	1 180.22 ± 203.23	1 224.00 ± 173.72

注：来源于赞皇县天然农产品开发有限公司笼养鸡群。

（二）生产性能

1. 蛋用性能　太行鸡的蛋用性能见表3，蛋品质量见表4。

表3　太行鸡蛋用性能

开产日龄	500日龄产蛋数（个）	平均蛋重（g）	产蛋期料蛋比
157.50 ± 28.97	155.12 ± 32.43	46.97 ± 5.39	3.75 ± 0.15

注：来源于赞皇县天然农产品开发有限公司太行鸡种鸡场的笼养鸡群。

表4　主要蛋品质量测定指标（300日龄）

蛋重（g）	蛋形指数	蛋壳强度（kg/cm²）	蛋壳厚度（mm）	蛋壳色泽	哈氏单位	蛋黄评分	蛋黄比例（%）
46.97 ± 5.39	1.35 ± 0.56	3.66 ± 0.89	0.40 ± 0.04	粉色	68.50 ± 8.44	8.65 ± 1.84	32.36 ± 3.45

注：300日龄笼养太行鸡鸡蛋。

2. 肉用性能　太行鸡屠宰性能见表5。

表5　太行鸡主要屠宰性能指标

性别	日龄	宰前活重（g）	屠体重（g）	屠宰率（%）	半净膛率（%）	全净膛率（%）	腿肌率（%）	胸肌率（%）	腹脂率（%）
公	300	1 745.00 ± 184.00	1 561.07 ± 136.71	89.46 ± 1.46	80.90 ± 3.75	71.65 ± 7.78	26.88 ± 3.34	15.92 ± 3.23	2.57 ± 3.27
	120	1 561.36 ± 154.23	1 388.04 ± 145.91	88.90 ± 9.33	79.56 ± 6.56	69.93 ± 7.13	23.75 ± 3.43	14.56 ± 0.45	0.04 ± 0.03
母	300	1 388.00 ± 141.00	1 263.77 ± 172.34	91.05 ± 6.90	75.80 ± 7.90	65.58 ± 5.17	18.19 ± 3.46	12.86 ± 1.83	4.62 ± 2.65
	120	1 165.17 ± 107.69	1 017.51 ± 80.88	87.33 ± 4.33	79.99 ± 4.34	67.43 ± 6.19	18.87 ± 2.93	12.89 ± 1.47	1.21 ± 1.10

注：①计算方法按照 NY/T 823—2004；②赞皇县天然农产品开发有限公司提供。

3. 繁殖性能　太行鸡种母鸡175～180日龄、蛋重40g以上可进入繁殖期，自然交配公母比例1：（12～15），人工授精公母比例1：（25～35），种蛋受精率95.26%，受精蛋孵化率93.88%，一只母鸡年可提供120～130只雏鸡。见表6。

表6　太行鸡主要繁殖性能

配种方式	种蛋受精率（%）	受精蛋孵化率（%）	健雏率（%）	每只种母鸡提供雏鸡数（只）
人工授精	95.26±3.17	93.88±3.98	98.82±2.22	125.03±10.09

四、品种保护与研究利用

（一）保种方式

采用保种场保护。赞皇县天然农产品开发有限公司和河北金凯牧业有限责任公司承担保种任务，核心保种群8 000余只，其中，公鸡330个，血统730只。1985年收录于《河北省畜牧志》，2004年收录于《中国禽类遗传资源》，2009年收录于《河北省家畜家禽品种志》。

（二）选育利用

2012年，河北农业大学周荣艳博士、李兰会博士等对太行鸡种群进行了"太行鸡Mx基因抗性位点与体尺和胴体性状的关联分析"，初步探明了太行鸡Mx基因2 032位点的3种基因型与体型之间的关系。目前正在对太行鸡快慢羽、蛋壳色泽、抗病性进行分子鉴定。十多年来，开展了柴鸡生态养殖技术的研究、柴鸡生产性能评定、系统地位分析及饲养管理配套技术研究等。2005年，制订了太行鸡保种和品种利用计划。

五、品种评价

太行鸡长期适应于粗放的管理条件，抗病力和抗逆性强，耐粗饲，觅食力强，宜放牧饲养。蛋品质优良，口感好；肌肉细腻、弹力好、口感滑嫩、多汁，风味物质含量丰富。缺点是体型较小，生长速度偏慢，耗料较多。今后应充分利用太行鸡的体型、体重、外貌和快慢羽等特点，在保证蛋品质前提下，提高其产蛋量，减少或取消就巢性，培育快慢羽自别配套系。也可在保证肉质基本不变的情况下，引入其他地方优质肉鸡品种进行杂交配套，确定最佳杂交组合，提高生长速度和饲料报酬。

广元灰鸡

广元灰鸡（Guangyuan Grey Chicken），属于肉蛋兼用型。

一、一般情况

（一）中心产区及分布

广元灰鸡原产地为四川省广元市，主要分布在秦巴山脉及周边地区。中心产区为广元市朝天区，主要分布于平溪乡、曾家镇、李家乡、两河口乡、汪家乡、麻柳乡和临溪乡等七个乡镇。

（二）产区自然生态条件

中心产区位于四川省东北部，广元市北，嘉陵江上游，川陕甘三省交界的边陲地带。地处北纬32°30′~32°36′、东经106°56′~106°08′，平均海拔1 400m，森林覆盖率74%。属于南北兼具的亚热带季风气候，年平均气温12℃，年降水量1 300mm，年均日照时数212d。农作物主要有玉米、小麦、土豆、油菜、水稻、蔬菜等。

二、品种来源与变化

（一）品种形成

广元灰鸡是在广元山区的自然地理、气候等条件下，经过长期的自然和人工选择，逐步形成了现在的具有灰羽表型特征、适应性强，耐粗饲、肉质鲜美的肉蛋兼用型地方品种。

（二）群体数量及变化情况

广元灰鸡2010年存栏不足万只，2017年全市存栏6万只。

三、品种特征和性能

（一）体型外貌特征

1. 外貌特征　广元灰鸡行动敏捷，适应性好，抗逆、抗病力强。体型中等，结构均匀紧凑；头中等大小，喙短粗且微弯曲，眼大圆，虹彩栗色；单冠直立，冠、肉垂、耳叶均为红色。颈粗短，背深胸宽适中，腹部丰满，腿细胫长。皮肤为白色或乌黑色，肉为淡粉红色；喙、胫、爪、跖为铁青色，部分为黄色、白色。雏鸡全身灰色绒毛，腹部毛色为浅灰色。成年公鸡姿态雄伟，颈羽、鞍羽、背羽表层覆盖灰色、红色或金黄色羽毛，尾羽、主翼羽为深灰色，腹羽为浅灰色或全身覆盖羽毛灰色，冠齿5~8个，少数有胫羽。成年母鸡面部清秀、颈羽、尾羽、主翼羽为深灰色，背羽、鞍羽为灰色，腹羽为浅灰色。

广元灰鸡公鸡

广元灰鸡母鸡

2. 体重和体尺　广元灰鸡成年体重和体尺见表1，不同生长阶段体重见表2。

表1　广元灰鸡成年体重和体尺

性别	体重（g）	体斜长（cm）	胸宽（cm）	胸深（cm）	龙骨长（cm）	盆骨宽（cm）	胫长（cm）	胫围（cm）
公	2 543.73 ± 187.26	21.36 ± 1.36	6.92 ± 0.44	11.92 ± 0.84	10.56 ± 1.03	5.87 ± 0.52	9.28 ± 0.59	4.15 ± 0.33
母	2 130.51 ± 169.32	19.53 ± 1.34	6.87 ± 0.39	10.27 ± 1.12	10.36 ± 1.34	5.64 ± 0.69	8.86 ± 0.72	3.88 ± 0.43

注：2017年，在广元灰鸡保种场测定300日龄体重和体尺，公母鸡各30只。

表2　广元灰鸡生长期不同阶段体重

单位：g

性别	初生	1周龄	2周龄	3周龄	4周龄	5周龄	6周龄	8周龄	10周龄	13周龄
公	39.27 ± 3.28	57.31 ± 8.45	77.95 ± 13.28	136.22 ± 27.33	210.36 ± 40.12	256.76 ± 37.88	361.76 ± 59.22	615.19 ± 109.37	854.34 ± 167.88	1 356.56 ± 154.39
母								510.23 ± 92.25	701.27 ± 132.84	994.58 ± 137.29

注：2017年，在广元灰鸡保种场测定生长期不同阶段体重，1~6周龄测定数量150只，8、10、13周龄测定数量公母鸡各80只。

（二）生产性能

1. 产肉性能　广元灰鸡成年鸡屠宰性能测定结果见表3。

表3　广元灰鸡成年鸡屠宰性能

性别	活体重（g）	屠体重（g）	屠宰率（%）	全净膛率（%）	半净膛率（%）	胸肌率（%）	腿肌率（%）
公	2 543.73 ± 187.26	2 273.08 ± 153.67	89.36 ± 0.69	72.36 ± 2.41	85.32 ± 1.98	18.11 ± 2.14	27.65 ± 2.11
母	2 130.51 ± 169.32	1 913.84 ± 142.78	89.83 ± 0.58	71.28 ± 2.14	84.37 ± 1.66	15.36 ± 1.36	22.25 ± 1.77

注：2017年，在广元灰鸡保种场测定300日龄屠宰性能，公母鸡各30只。

2. 繁殖性能　广元灰鸡平均种蛋受精率为91.02%，受精蛋孵化率平均为87.68%，产蛋性能见表4。

表 4　广元灰鸡产蛋性能测定

性状	测定值
开产日龄	176.10 ± 13.40
开产体重（g）	1 610.38 ± 250.34
开产蛋重（g）	36.59 ± 6.25
300 日龄产蛋数（枚）	78.93 ± 19.88
66 周龄产蛋数（枚）	137.53 ± 21.75

3. 蛋品质　广元灰鸡蛋品质测定结果见表 5。

表 5　广元灰鸡 300 日龄蛋品质

蛋形指数	平均蛋壳厚度（mm）	蛋壳颜色	蛋壳强度（g/cm²）	蛋重（g）	蛋黄色泽	哈氏单位
1.32 ± 0.08	0.26 ± 0.08	39.27 ± 6.34	3 232.22 ± 814.7	50.27 ± 6.77	10.25 ± 1.34	76.25 ± 10.55

注：2017 年，在广元灰鸡保种场测定 300 日龄蛋品质，测定数量 100 枚。

四、品种保护与研究利用

广元灰鸡的保护采取保护区和保种场相结合的方式。2010 年，在朝天区平溪乡建立广元保种场，开展广元灰鸡保护利用工作。2015 年，朝天区在曾家镇、两河口乡、李家乡建立广元灰鸡保护区，禁止外来鸡种进入保护区。2018 年，朝天区开始广元灰鸡推广利用工作。

五、品种评价

广元灰鸡具有肉质鲜美、细嫩、脂肪沉积少等特点，是优质的地方遗传资源和品种改良的重要素材，可重点培育风味独特的优质型肉用系，生产高端有机产品。广元灰鸡群体遗传多样性丰富，具有白皮和乌皮、乌骨、灰羽和白羽、黑羽等性状分化，可作为研究外貌性状形成机制的重要研究素材。广元灰鸡生长环境相对隔绝，受到外血干扰少，是研究家鸡驯化历史和起源进化的重要素材。

西域黑蜂

西域黑蜂（Black Bee of Western Regions），为西方蜜蜂亚种，蜂蜜高产型蜂种。

一、一般情况

（一）中心产区和分布

西域黑蜂产区位于新疆维吾尔自治区新源县。中心主产区分布在新源县七十一团、则克台镇、阿勒玛勒乡、那拉提镇、巩留县恰西等地。

（二）产区自然生态条件

新源县位于新疆维吾尔自治区西北部，天山北麓，伊犁河谷东端，巩乃斯河河谷地带。东起艾肯达坂，南与巩留县、和静县为邻，东北与尼勒克县、沙湾县、和静县为界。素有"塞外江南""天山湿岛"之称。地理坐标北纬 43°03′ ~ 43°40′、东经 82°28′ ~ 84°56′，地形东高西低、三面环山、西部敞开。地貌以高山、森林、灌木、草原为主。新源县属大陆性半干旱气候，冬暖夏凉，山地气候特点明显。夏季短，冬季长；冬季寒冷，春季冷暖多变，升温快但不稳定；秋季晴朗凉爽，降温迅速。逆温带范围大，逆温持续时间长，主要分布在海拔 800 ~ 2 000m，海拔 950 ~ 1 200m 间逆温强度最大。气候温凉、降水多，年均降水量 476mm，年均气温 6.0 ~ 9.3℃，极端最高气温 41.8℃，极端最低气温 -34.7℃。

二、品种来源与变化

（一）品种来源

中国农业科学院蜜蜂研究所开展的西域黑蜂基因组研究表明，西域黑蜂起源于 13 万年前，与欧洲黑蜂是近亲，但它们之间的分化时间显著早于其他亚种间分化时间（意大利蜂与卡尼鄂拉蜂的分化时间为 3 万年）。西域黑蜂为起源于伊犁河谷地区古老的西方蜜蜂亚种。

（二）群体数量及变化情况

西域黑蜂目前主要饲养地现有种群 5 000 群以上（表1）。

表1　新源县西域黑蜂数量及结构

分布区	七十一团	则克台镇	阿勒玛勒乡	那拉提镇	恰西	合计
总数（群）	1 000	1 000	500	520	2 000	5 020

三、品种特征和性能

（一）体型外貌特征

与意大利蜂相比，西域黑蜂个体较大，蜂王头、胸部黑灰色，腹部主要为黑色，部分蜂王腹节相接处带暗褐色环。工蜂、雄蜂通体黑灰色，被灰褐色绒毛。西域黑蜂体型较大，喙短。

西域黑蜂工蜂喙长（5.95±0.11）mm，背板长（4.10±0.07）mm，肘脉指数1.67±0.16，细度指数0.69±0.01，跗节指数0.54±0.01，覆毛长度（0.50±0.02）mm，绒毛指数1.26±0.12，第二背板色度1.71±1.68。

峰王   雄峰   工峰

（二）生产及繁殖性能

西域黑蜂蜂王产卵力强，能维持强群，早春开产温度低，产卵时间长，产卵集中，虫龄整齐，蛹房密实度高，子脾干净整齐，育虫节律调节能力强，容易维持强群。平均日产卵量（1 481±32.43）粒，最高日产卵量（2 586±35.89）粒。繁殖生产期群势最高可达14足框以上。蜂群抗逆性能好，在伊犁地区严寒冬季越冬性能优异，群势为3~4框的蜂群即可在当地室外安全越冬，且越冬饲料每群仅消耗5.2~6kg，比同区域越冬意蜂少将近一半，越冬后群势也仅降低25%~30%；一般在冬季寒冷天气下可以在室外安全越冬，越冬饲料节约。早春温度较低情况下即开始采集花粉回巢。在大流蜜期，即使温度较低仍可以出巢采集，早春出巢温度为（8±1.2）℃，另外，西域黑蜂蜂群普遍抗病力强，不容易感染疾病，即使偶有发病，程度也比较轻，通过有针对性的饲养管理措施，部分患病蜂群可自行痊愈。蜂群繁育自我调节能力强，能很好利用零星蜜源，大流蜜期群均采蜜量也比意蜂高20%~30%。西域黑蜂蜂群畏光，性情比较暴躁，外界缺乏蜜源时，有一定的盗性，但相比意蜂不严重。相比意蜂，西域黑蜂采集期出勤更早，收工更晚。

西域黑蜂采集力强，尤其是对零星蜜粉源采集表现显著突出，出巢温度早，采集结束时间晚。西域黑蜂泌蜡能力强，喜造赘脾，造脾速度快。西域黑蜂产浆力一般，大流蜜期产浆量大，其他时期王台接受率较低，产浆量小。由于新疆地区以产蜜为主，很少开展产浆生产，产浆性能仍有开发的潜力。西域黑蜂善于采集蜂胶，定群蜂胶产量较意蜂多。

四、品种保护与研究利用

当地政府极其重视西域黑蜂的品种保护，已着手在新源县建立州级西域黑蜂保护区，在新疆维吾尔自治区蜂业技术管理总站的积极呼吁下，也在申请建立自治区级西域黑蜂自然保护区。通过国家畜禽遗传资源委员会对西域黑蜂的遗传资源鉴定，将积极推动自治区级西域黑蜂自然保护区的建立，同时也将为国家级西域黑蜂自然保护区的申请奠定良好的工作基础。

西域黑蜂生物学特点突出，生产性能优良，是科研育种的良好素材。中国农业科学院蜜蜂研究所以西域黑蜂为研究对象，积极开展西域黑蜂繁殖力、生产性能的遗传评估工作，为西域黑蜂建立系谱及档案。同时积极开展西域黑蜂抗病力、抗逆性等特征基因的挖掘工作。目前，西域黑蜂的系统进化相关研究已经取得突破性的结果，为研究西方蜜蜂的整体进化和起源问题提出了新的假说。与此同时，还将开展西域黑蜂优良种质资源的选育工作。西域黑蜂具有产卵力强、产卵子脾整齐、生产性能突出、出巢归巢温度低等生产特点，是优良的育种素材。利用现代育种与分子生物学技术，深度挖掘西域黑蜂的生物学特点，可用于培育抗螨、抗低温、生产性能优良的新的西方蜜蜂生产蜂种。

五、品种评价

我国重要的西方蜜蜂遗传资源（西域黑蜂）是我国首次发现原产于我国的西方蜜蜂蜂种，结束了我国没有西方蜜蜂的历史，也将西方蜜蜂在全球的分布范围向东延伸了 $16°31'$，为最东端的西方蜜蜂种群。

西域黑蜂是西方蜜蜂的优良蜂种，具有独特、优良的生物学特性和生产性能，具有繁殖力强、蜂蜜产量高、适应性强、抗病力强、抗逆力强等特点，是优良的育种素材。适合在全国大部分地区饲养和应用，特别是长江以北地区，蜜粉资源分布集中、面积大、冬季长的地区。

昌台牦牛

昌台牦牛（Changtai Yak），属肉乳兼用的草地型牦牛资源。

一、一般情况

（一）中心产区及分布

昌台牦牛中心产区为四川省甘孜藏族自治州白玉县的纳塔乡、阿察乡、安孜乡、辽西乡、麻邱乡及昌台种畜场。主产区分布在德格县，白玉县的其余乡镇，甘孜县的南多乡、生康乡、卡攻乡、来马乡、仁果乡，新龙县的银多乡以及理塘县、巴塘县的部分乡镇。

（二）产区自然生态条件

白玉县位于青藏高原东南缘、四川省西北部、甘孜藏族自治州西部，地处北纬31°、东经99°。中心产区平均海拔3 800m以上，属大陆性高原寒带季风气候，四季不分明，年平均气温7.7℃，最高气温28℃，最低气温−30℃；无绝对无霜期，全年长冬无夏；年平均降水量725mm，相对湿度52%；年平均日照时数2 133.6h，日照率60%；风力为2.5m/s，无沙尘暴。

二、品种来源与变化

（一）品种形成

据《甘孜藏族自治州畜牧志》记载，1952年西康省人民政府农林厅派人到白玉县昌台进行现场勘查，建成昌台牧场。1963年经四川省人民委员会批准将国营昌台牧场改为昌台种畜场，成立了专门的牦牛生产队，有2 300多头牦牛，牦牛是昌台种畜场主要生产生活资料。人们称昌台种畜场饲养的牦牛为昌台牦牛。2008年昌台种畜场实施牦牛产业化项目，开展"牦牛出栏，暖棚和贮草基地建设，组建昌台牦牛原种场"时发现昌台牦牛的角形、毛色、体形等具有明显的特征。

（二）群体数量及变化情况

现阶段，昌台牦牛产区存栏昌台牦牛共计464 476头，其中，能繁母牛192 399头，种公牛8 720头，后备母牛35 619头。

1. 中心产区数量和群体结构　中心产区白玉县存栏121 526头，其中，能繁母牛59 978头，种公牛2 928头，后备母牛13 099头。

2. 主产区数量和群体结构　见表1。

表1　主产区昌台牦牛数量及结构

项　目	分布区					
	德格县	理塘县	甘孜县	新龙县	巴塘县	合计
总数（头）	194 273	56 595	14 651	61 898	15 533	342 950
能繁母牛（头）	76 265	28 463	4 765	17 953	4 975	132 421
种公牛（头）	3 790	1 408	90	398	106	5 792
后备母牛（头）	8 173	3 037	7 634	2 961	715	22 520

三、品种特征和性能

（一）体型外貌特征

1. 外貌特征　昌台牦牛以被毛全黑为主，前胸、体侧及尾部着生长毛。昌台牦牛头大小适中，90%有角，角较细，颈部结合良好，额宽平，胸宽而深、前躯发达，背腰平直，四肢较短而粗壮、蹄质结实。公牦牛头粗短、鬐甲高而丰满，体躯略前高后低，角向两侧平伸而向上，角尖略向后、向内弯曲；眼大有神。母牦牛面部清秀，角细而尖，角型一致；鬐甲较低而单薄；体躯较长，后躯发育较好，胸深，肋开张，尻部较窄略斜。

昌台牦牛公牛

昌台牦牛母牛

2. 体重和体尺　2012年10月份，在德格县马尼干戈镇、甘孜县绒巴岔乡、白玉县昌台种畜场随机抽选各年龄段牦牛1 000余头进行了测定，测定结果见表2。

表2　昌台牦牛不同年龄体重和体尺测定结果

年龄（岁）	性别	样本数	体重（kg）	体高（cm）	体斜长（cm）	胸围（cm）	管围（cm）
0.5	公	85	47.98±15.56	70.3±3.73	77.15±17.70	98.30±4.24	11.35±0.49
0.5	母	87	42.13±16.46	68.05±2.35	70.95±27.37	92.45±3.56	10.30±0.47
1.5	公	72	99.90±12.28	93.22±3.44	101.18±4.32	120.50±5.45	12.94±1.33
1.5	母	89	101.65±14.37	91.78±4.31	100.12±4.56	122.61±7.05	12.20±1.17
2.5	公	71	153.78±28.40	103.82±4.80	114.74±4.87	142.14±8.63	15.16±1.65
2.5	母	80	162.34±19.19	101.66±4.13	115.60±5.14	147.48±7.52	15.54±1.27
3.5	公	67	216.10±15.71	110.53±3.25	128.23±6.10	162.83±10.55	16.40±1.22

（续）

年龄（岁）	性别	样本数	体重（kg）	体高（cm）	体斜长（cm）	胸围（cm）	管围（cm）
3.5	母	71	194.00±25.89	105.73±5.64	121.23±7.46	158.08±7.27	16.03±1.39
4.5	公	42	271.64±19.33	110.60±3.0	131.84±4.86	155.96±7.09	17.08±1.26
4.5	母	50	220.14±11.15	108.57±4.94	125.00±5.79	155.76±6.77	16.52±1.50
5.5	公	30	349.68±43.50	126.08±7.33	156.68±9.66	185.92±12.27	21.16±1.77
5.5	母	32	247.36±39.42	111.21±3.07	134.25±9.30	167.68±9.48	16.54±1.40
6.5	公	30	379.03±51.10	125.63±7.53	156.07±10.93	188.33±14.59	20.73±1.89
6.5	母	28	260.86±40.30	111.39±3.42	135.14±9.86	168.71±9.84	16.46±1.29

（二）生产性能

1. 初生重 昌台牦牛初生重测定结果见表3。

表3 昌台牦牛初生重

性别	样本数	初生重（kg）
公	89	12.44±2.53
母	92	11.67±1.75

2. 产肉性能 2013年11月，甘孜藏族自治州畜牧站联合四川省草原科学研究院开展昌台牦牛屠宰试验。试验结果见表4。

表4 昌台牦牛产肉性能测定结果

年龄（岁）	性别	样本数	宰前重（kg）	胴体重（kg）	净骨重（kg）	净肉重（kg）	屠宰率（%）	净肉率（%）	胴体产肉率（%）	骨肉比
3.5	公	5	135.64±8.39	65.56±2.69	12.92±5.39	45.88±2.57	48.33±2.00	33.82±2.52	69.98±2.80	1:3.55
4.5	母	5	232.04±34.92	109.60±18.02	23.68±5.66	79.08±11.85	47.23±1.34	34.08±1.19	72.15±1.51	1:3.34
6.5	公	5	364.32±29.51	186.60±20.89	39.74±5.23	147.84±15.35	51.22±2.59	40.58±1.83	79.23±0.79	1:3.72
6.5	母	3	266.83±3.21	125.67±1.76	25.00±0.50	100.83±1.44	47.10±0.37	37.79±0.90	80.23±0.50	1:4.03

3. 产奶性能

（1）挤奶量测定　2013年，在昌台种畜场选择20头经产（2～3胎次）母牦牛于6、7、8、9、10月进行产奶测定，采用挤奶间隔10d的测定方法，即每个月测定3次（1日、11日、21日），以实际间隔天数10乘以日挤奶量，即是10d的挤奶量，3次挤奶量相加即为月挤奶量，5个月15次挤奶量累加起来即为153d挤奶量。153d产奶量=1.96×挤奶量，测定结果得出，昌台经产母牦牛（2～3胎次）6、7、8、9、10月挤奶量平均为182.53kg，平均产奶量为357.76kg。昌台母牦牛在8月份产奶量最高，10月产奶量最低，从6—8月有不断升高的趋势。

（2）奶成分测定　经过测定产奶量后的乳品，利用基于超声波原理的乳成分析仪（保加利亚产，型号：La30Sec）分析奶理化指标。测定结果见表5。昌台经产母牦牛奶样中7、8、9、10月脂肪、乳糖、蛋白质含量均具有不断上升的趋势，而pH稳定。

表5 昌台牦牛奶成分分析结果

月份	样本数	脂肪 （%）	非脂固形物 （%）	乳糖 （%）	固形物 （%）	蛋白质 （%）	pH	电导率 （%）
7月	15	7.10±0.51	9.63±0.44	5.29±0.24	0.79±0.04	3.53±0.16	5.32±0.22	2.30±0.52
8月	15	7.88±0.86	9.82±0.37	5.39±0.20	0.81±0.03	3.60±0.13	5.21±0.06	2.24±0.34
9月	15	9.15±0.71	10.45±0.28	5.73±0.15	0.86±0.02	3.83±0.10	5.23±0.05	1.66±0.39
10月	15	9.75±1.41	10.50±0.58	5.75±0.31	0.87±0.05	3.85±0.21	5.14±0.04	1.31±0.38

4. 繁殖性能 昌台牦牛公牦牛一般3.5岁开始配种，6~9岁为配种盛期，以自然交配为主。母牦牛为季节性发情，发情季节为每年的7—9月，其中7—8月为发情旺季。发情周期（18.2±4.4）d，发情持续时间12~72h，妊娠期（255±5）d，繁殖年限为10~12年，一般2年1胎，繁殖成活率为45.02%。

四、品种保护与研究利用

昌台牦牛具有适应性好、抗病力强、役用力佳、耐粗饲、遗传性能稳定，产肉、产奶性能优良的特性。目前昌公牦牛已推广至石渠、德格、理塘、炉霍、新龙、甘孜等县，用以改良本地牦牛。

五、品种评价

昌台牦牛对高海拔、低氧、高寒、饲草供给不平衡的恶劣环境具有非常强的适应性，并且遗传性能稳定，耐粗饲，抗病力强，是我国高原牧区宝贵的畜种遗传资源。

昌台牦牛数量多，分布广。昌台牦牛线粒体片段内的单倍型多样性具有最高的遗传多样性，核苷酸多样性也最丰富，通过选育可以获得较高、较快的选育进展。

昌台牦牛肉脂肪酸种类丰富，高蛋白，低脂肪，矿物质元素丰富，氨基酸种类全，肌肉嫩度小；乳脂率及乳蛋白含量高。表明昌台牦牛肉、乳品质优良。

类乌齐牦牛

类乌齐牦牛（Leiwuqi Yak），是中国西藏自治区地方品种之一，经济类型属于肉役兼用型。

一、一般情况

（一）中心产区及分布

类乌齐牦牛中心产区为西藏自治区昌都市类乌齐县，主要分布在类乌齐县所辖的桑多镇、类乌齐镇、吉多乡等10个乡（镇）。

（二）产区自然生态条件

类乌齐县隶属于西藏自治区昌都市，位于西藏自治区东北部，北纬30°58′～31°58′、东经95°49′～96°58′，北与青海省囊谦县相连，西邻丁青县，南与八宿县、洛隆县接壤，东与昌都市卡若区毗邻。县驻地海拔3 810m，属高原温带半湿润性气候。年平均气温2.5℃，年平均无霜期50d，年平均日照时数为2 163h，年平均降水量566mm。

二、品种来源与变化

据文献记载，西藏牦牛驯化最早可追溯到雅隆部落之前，雅隆部落起源于藏东南，藏东南山区是藏族发祥地。藏东南良好的自然环境、丰富的牧草，为牦牛养殖提供了物质基础。随着自然灾害或部落间的战争等因素，家养牦牛人为迁徙，在西藏各地都有分布，但主要区是藏东南山地区与藏西北草原区。类乌齐县地理位置位于西藏自治区东北部，从地理位置上看，处在藏东南和藏西北的分界岭，东部山区内有高山草地，西部有高山草场。因此，类乌齐牦牛是在人为驯养和自然环境影响下形成的独特品种。牦牛抗逆性强，生活在高山草原与山地草场之间，能充分利用优质天然牧草资源，是当地人民生产、生活所不可缺的重要畜种。

三、品种特征和性能

（一）体型外貌特征

1. 外貌特征　类乌齐牦牛体格健壮，其头部近似楔形、嘴筒稍长、面向前凸、眼大有神、肩长、背腰稍平、前胸开阔发达、四肢粗短。其身毛绒密布、下腹坠着裙毛、尾毛丛生如帚、毛色不一，而以黑色居多。

类乌齐牦牛公牛

类乌齐牦牛母牛

2. 体重和体尺 类乌齐牦牛的初生重〔公（8.90±1.50）kg；母（9.39±1.74）kg；成年牦牛体重、体高、体斜长、胸围及管围分别为〔公牛（243.56±51.02）kg、（105.70±6.67）cm、（127.96±10.03）cm、（156.10±11.96）cm 和（15.01±1.87）cm；母牛（318.27±110.96）kg、（115.08±12.48）cm、（135.54±16.62）cm、（171.67±23.96）cm 及（16.71±3.24）cm〕。不同年龄类乌齐牦牛体尺和体重见表1，类乌齐牦牛胴体体尺和体重见表2。

表1 不同年龄类乌齐牦牛体重和体尺

年龄	性别	样本数	体重（kg）	体尺指标			
				体高（cm）	体斜长（cm）	胸围（cm）	管围（cm）
初生重	公	20	8.90±1.50				
	母	20	9.39±1.74				
0.5岁	公	20	44.93±14.29	71.75±5.59	73.95±7.96	88.95±7.44	9.48±0.68
	母	22	51.98±17.39	74.09±6.70	77.95±7.93	92.27±9.88	10.05±0.90
1.5岁	公	22	92.47±20.73	84.24±4.68	92.95±7.34	113.33±8.98	10.71±1.15
	母	13	93.96±18.14	86.15±5.49	93.85±5.77	112.54±7.28	11.15±0.8
2.5岁	公	16	153.06±32.19	95.13±7.53	107.19±4.96	131.06±8.10	12.91±0.74
	母	26	162.04±27.71	99.38±6.97	112.96±10.97	138.52±10.42	13.83±1.18
3.5岁	公	17	175.59±17.23	100.35±3.46	112.17±6.07	140.76±4.87	13.21±0.64
	母	14	192.00±26.06	105.86±6.33	117.21±5.00	145.86±6.68	14.68±0.77
成年	公	39	243.56±51.02	105.70±6.67	127.96±10.03	156.10±11.96	15.01±1.87
	母	24	318.27±110.96	115.08±12.48	135.54±16.62	171.67±23.96	16.71±3.24

表2 类乌齐牦牛胴体体尺和体重

性别	头数	年龄	活重（kg）	胴体重（kg）	胴体长（cm）	胴体深（cm）	胴体胸深（cm）	后腿长（cm）	后腿围（cm）	大腿肉厚（cm）	腰部肉厚（cm）	肋部肉厚（cm）	眼肌面积（cm²）
公	5	成年	343.90±40.65	177.70±27.32	132.20±4.32	72.50±3.16	68.20±6.06	61.60±0.89	71.60±7.23	14.34±0.99	5.02±0.56	3.60±0.45	63.40±9.79
母	5	成年	197.40±16.56	95.80±11.58	102.40±3.71	60.30±4.12	57.00±2.00	56.80±2.17	50.80±1.30	11.50±1.27	4.06±0.36	3.62±0.53	43.40±7.13

（二）生产性能

1. 产肉性能　类乌齐牦牛肉脂肪含量高，肉品风味好；蛋白质含量高于拉萨市售牦牛肉，属高蛋白性食品。经测定，其屠宰率为48.53%（公）和51.67%（母）、净肉率为42.73%（公）和42.54%（母）、骨肉比为1∶7.36（母）和1∶4.67（公）。产肉性能见表3。

表3　类乌齐牦牛产肉性能

性别	宰前重（kg）	胴体重（kg）	净肉重（kg）	屠宰率（%）	净肉率（%）	胴体产肉率（%）	骨肉比
公	343.90	177.70	146.30	51.67	42.54	82.33	1∶4.67
母	197.40	95.80	84.34	48.53	42.73	88.04	1∶7.36

2. 产奶性能　经测定，全年平均产奶250kg，含脂率6.96%；半奶牛全年平均产奶130kg，含脂率7.50%。

3. 产毛性能　成年公牛每头年均产毛绒1.40kg，其中，毛0.86kg、绒0.54kg；成年母牛每头年均产毛绒0.88kg，其中，毛0.48kg、绒0.40kg。

4. 役用性能　经过训练后的牦牛具有役用性能，公牦牛采用抬杠法每天可耕地（8寸步犁）0.13~0.2hm²，一般能连续耕地半个月；一头驮牛可负重60kg日行25km，可连续驮运半个月。

5. 繁殖性能　类乌齐牦牛一般4岁开始配种，可持续到15~16岁。种公牛和母牛的比例一般为1∶13，每年8—9月发情配种期，母牛一般发情周期为21d，发情持续时间为24~26h，妊娠期270~280d，翌年5—6月为产犊盛期。成年母牛一般两年一产，每年一产的比例不高，仅占适龄母牛的15%~20%。一般出生率为95%，当年牛犊成活率为85%，繁殖成活率为45%。

四、品种保护与研究利用

类乌齐牦牛还未建立保护区、保种场，尚缺乏对该品种种质资源特性进一步的深入研究，对优良特性发掘不够，建议加强本品种选育，控制近交，避免造成优良基因流失而引起品种退化。通过对类乌齐牦牛的遗传多样性的分析研究，类乌齐牦牛具有丰富的遗传多样性，西藏东部可能是牦牛的起源地之一，是育种的原始材料，一旦丧失，再现是不可能的。

五、品种评价

类乌齐牦牛遗传多样性较为丰富，是实现高寒草地资源有效转化为肉、乳品的特有动物之一，是增加当地牧民收入、发展特色畜牧业的基础，具有较高的利用价值。相关部门应以保护和开发并重。利用现代生物学技术长期保存类乌齐牦牛遗传资源的前景是极为广阔的，在保存最优良和具有巨大潜在育种价值遗传资源的同时，也避免遗传资源的消失。

环湖牦牛

环湖牦牛（Huanhu Yak），属肉乳兼用型牛。

一、一般情况

（一）中心产区及分布

青海环湖牦牛主要分布在青海湖周围农牧区。中心产区为海北藏族自治州海晏县、刚察县，海南藏族自治州贵南县、共和县、同德县、兴海县东部的4个乡。

（二）产区自然生态条件

环湖牦牛产区环青海湖地区，位于北纬34°39′～39°12′、东经96°49′～101°48′。地处祁连山与阿尼玛卿山之间的广阔地带，中部由青海湖盆地、共和盆地和同（德）兴（海）盆地组成。产区平均海拔3 200m，土地面积9.33万km²，占全省土地总面积的13.0%。区域内自然地理总特点是南北高山对峙，青海湖位于其中。内部地貌多样，地形复杂，南北差异和垂直差异较大，水、热条件悬殊。

区内属于高原干旱气候，属次暖区，春季干旱多风、夏季凉爽、秋季短暂、冬季漫长。年均气温一般在0～4℃，全年多大风，太阳辐射强烈，年日照时数2 900h左右。年平均降水量为200～400mm，平均无霜期为40d左右，年平均蒸发量1 473mm。作物生长期110～175d，牧草生长期120～180d。

二、品种来源与变化

（一）品种形成

牦牛是一古老、原始牛种，它的起源与驯化年代考证不一，但与人类的进化、民族形成与变迁有关。环湖牦牛是青海牦牛中固有的一支，根据中国牦牛杂志、青海省志、考古杂志等有关资料推断，环湖牦牛是在距今万年前后由于青藏高原藏族前身羌族、吐蕃族将野牦牛驯化，随民族变迁，移向青海省东南部和环湖周围。

（二）群体数量及变化情况

青海省共有环湖牦牛约139.14万头，中心产区共存栏环湖牦牛86.07万头，其中能繁母牛47.60万头，已登记核心群基础母牛17 643头，种公牛1 067头。

三、品种特征和性能

（一）体型外貌特征

1. 外貌特征　环湖牦牛被毛主要为黑褐色，部分个体为黄褐色或带有灰白色；体侧下部周围和体上线密生粗长毛夹生少量绒毛、两型毛，体侧中部和颈部密生绒毛和少量两型毛。

环湖牦牛体格较小，体型紧凑，多无角，有角者角细而长，角弧形较小，颅顶尖突，头似楔形，鼻狭长，鼻中部多凹陷，嘴小而方，头颈着生较浅，颈浅薄（母牛突出），鬐甲较低，胸深长，尻狭窄，肢较细短，蹄小而坚实。

公牛头显粗重，颈短厚且深，垂皮不明显，睾丸较小，接近腹部。

母牦牛头长额宽，眼大而圆，颈长而薄，乳房小呈浅碗状，乳头短小，乳静脉不明显。

环湖牦牛公牛　　　　　　　　　　　　　环湖牦牛母牛

2. 体重和体尺　经青海省畜牧兽医科学院调查测定海北藏族自治州海晏县、海南藏族自治州共和县环湖牦牛得出：成年公、母牛平均体高为119.2cm和110.3cm，体斜长为132.6cm和121.1cm，胸围为171.8cm和150.2cm，管围为18.3cm和16.2cm，平均体重为273.1kg和194.2kg。

由青海省畜牧总站《青海高原牦牛》地方品种标准编制组到海北藏族自治州海晏县、刚察县、海南藏族自治州共和县、贵南县等县对环湖牦牛进行体尺、体重测定，成年公、母牛平均体重分别为273.1kg和194.2kg（11头公牛、101头母牛）（表1）；公、母犊平均初生重分别为12.5kg和11.8kg（测定公犊牛276头、母犊牛247头）。

表1　环湖牦牛成年公、母牛体尺、体重测定（空腹）

性别	测定数量（头）	体高（cm）	体斜长（cm）	胸围（cm）	管围（cm）	体重（kg）
公	11	119.2±7.9	132.6±5.7	171.8±10.6	18.3±2.33	273.1±45.2
母	101	110.3±6.7	121.1±10.5	150.2±11.5	16.2±1.5	194.2±44.3

（二）生产性能

1. 产肉性能

（1）屠宰测定　经青海省畜牧兽医科学院、青海省畜牧总站对环湖牦牛成年公、母牛进行屠宰测定，结果显示，公、母牛平均屠宰率和净肉率分别为52.7%、39.3%和48.1%、39.9%（表2）。

（2）肉质分析　经青海省畜牧兽医科学院对环湖牦牛肉样进行肉质分析，结果显示，环湖牦牛肉粗蛋白质和干物质含量较高，脂肪较低（表3）。

表2 环湖牦牛成年公牛、母牛屠宰测定结果

性别	样本数	活重（kg）	胴体重（kg）	净肉重（kg）	骨重（kg）	屠宰率（%）	肉骨比
公	5	276.6±14.3	145.9±9.7	108.7±10.6	32.2±1.4	52.7	3.38:1
母	8	202.5±18.7	97.5±14.1	80.7±7.6	19.0±2.5	48.1	4.25:1

表3 环湖牦牛肉质分析结果

水分（%）	干物质（%）	蛋白质（%）	脂肪（%）	灰分（%）
73.9±6.2	26.1±6.2	20.9±2.7	0.9±0.6	2.5±0.9

2. 产乳性能 据《青海省畜禽遗传资源志》（2013），5头初产、12头经产牦牛进行的日挤1次153d挤奶量测定，初产牛全期平均产奶104kg，日均挤奶0.68kg；经产牛全期平均产奶192.13kg，日均挤奶1.26kg，乳脂率为5.99%。

3. 产毛、绒性能

（1）产毛、绒量 环湖牦牛3岁以前粗毛、绒毛几乎各占50%，4岁以后犍牛粗毛偏多，每头平均产绒1.733kg。近年来由于环湖牦牛毛、绒在毛纺工业中应用少，故产毛、绒性能测定很少开展。

（2）毛绒分析 由青海省畜牧兽医科学院在共和县甲乙村，海晏县托勒乡采集环湖牦牛成年牛毛绒样品（背侧部毛样样品）进行粗毛长、绒毛长、绒毛细度、绒毛比、净毛率、净绒率等指标测定分析，结果见表4。

表4 环湖牦牛毛绒分析结果

性别	样本数	粗毛长（cm）	绒毛长（cm）	绒毛细度（μm）	绒毛比	净绒率（%）
公	10	8.01±2.39	4.08±1.16	24.54±4.14	4.14:1	21.07±12.3
母	27	11.72±3.09	4.66±1.21	20.93±4.77	1.13:1	29.79±14.46

4. 繁殖性能 环湖牦牛母牛一般3.5岁初配，母牛多两年一产，双犊率在0.5%～3%，使用年限15年以上。公牛一般3.5岁后配种，4～6岁是配种力旺盛阶段，以后则逐渐减弱。一般一头公牛自然本交15～20头母牛，个别可到30头，使用年限10年左右。

据青海省畜牧兽医科学院文平等，在"青海环湖牦牛繁殖状况调查"一文中对3岁以上318头适龄环湖母牦牛近三年的繁殖情况调查，发现母牦牛的繁殖率平均为54.3%，犊牛平均成活率为81.53%，繁活率为43.5%，见表5。青海省高原型牦牛繁殖率为48.61%（47.19%～51.84%），繁活率平均为32.07%（27.76%～37.87%）。

表5 环湖牦牛繁殖率及犊牛的成活率

年份	母牦牛数（头）	产犊数（头）	繁殖率（%）	犊牛成活数（头）	成活率（%）	繁活率（%）
2005	318	194	61.01	117	60.31	36.79
2006	318	109	34.28	101	92.66	31.76
2007	318	215	67.61	197	91.63	61.95

四、品种保护与研究利用

环湖牦牛虽然长期以来一直被当地牧户饲养，也被业内人士、专家、学者熟知和研究，但因青海

境内所有牦牛均被称为青海高原牦牛，省内牦牛遗传资源没有进行详细的细分，尚未建立专门的环湖牦牛资源保护区、保护场、种牛场等，保护工作多由当地养殖牧户自发进行。

此外，环湖牦牛乳、肉品质优良，但开发利用度低，一般为零散的乳品、肉品初级加工销售，特色和优势未能充分发挥，尚未建立品牌。

五、品种评价

环湖牦牛是青海环湖地区独特的自然环境与生产条件下，经自然驯化和当地牧民群众长期选择而形成的特有畜种，抗逆性强、极耐粗饲，遗传稳定，生产特性和生物学特性独特，所产肉、乳、皮毛等品质好，是青海环湖地区牧民重要的生产生活资料，也是高寒牧区牦牛新品种培育的重要基础资源和材料，在科研和生产领域利用价值高。

雪多牦牛

一、一般情况

（一）中心产区及分布

雪多牦牛主要分布于青海省黄南州河南蒙古族自治县赛尔龙乡及周边地区，中心产区为赛尔龙乡兰龙村。

（二）产区自然生态条件

河南蒙古族自治县位于青藏高原东部，地理坐标为北纬34°18′~34°42′、东经101°42′~102°15′。雪多牦牛产区兰龙村位于河南县赛尔龙乡北部。河南县气候为高原大陆性气候，属高原亚寒带湿润气候区。由于海拔较高、地势复杂和受季风影响，高原大陆性气候特点比较明显。年平均气温在9.2~14.6℃，年降水量597.1~615.5mm。赛尔龙乡年均气温1.6℃，1月份气温最低，平均气温为-9.9℃；7月份气温最高，平均为11.5℃，为全县各乡镇最高。夏季草场可利用天数148d，为全县各乡之冠，冬季草场可利用天数为190d，低于其他各乡。

二、品种来源与变化

（一）品种形成

雪多牦牛主要生长在黄河以南，山脉横亘、河流密布的河南蒙古族自治县赛尔龙乡，是当地牧民群众重要的生产生活资料，是在河南县赛尔龙乡独特的地理、民族风俗、经济社会环境下形成的，具有高度适应性、特征明显的优良牦牛资源。"雪多"为蒙语音，意为"沼泽多"，雪多牦牛意即"在沼泽多的地方生长的牦牛"，在相对封闭的环境中经长期自然选择和人工选育而成的雪多牦牛。雪多牦牛也被当地牧民群众誉为"黑帐篷黑牦牛"。随着省内及甘肃、新疆等地频繁交往，常以产区沼泽多的特点称呼雪多牦牛，"雪多牦牛"的名称遂逐渐被群众及各界认同并传播开来。

（二）群体数量及变化情况

据调查，2017年初雪多牦牛存栏8.5万头，其中，中心产区共存栏牦牛10 773头，能繁母牛6 033头，核心群母牛1 912头，种公牛802头。

三、品种特征和性能

（一）体型外貌特征

1. 外貌特征　雪多牦牛被毛基本全为黑色，被毛粗、垂顺、亮泽，鬃毛短。极少数个体头、背、四肢、尾部有白色花斑，这些个体在选育过程中被逐步淘汰，前胸、体侧及尾部着生长毛，裙毛四季界线清晰，尾部毛呈扫帚状。

雪多牦牛体格较大。头较粗重而长，额宽而短。鬐甲较高，颈肩结合良好。前胸发达，胸深，肋开张。体型宽而长，躯体发育良好，侧视长方形，体躯较长，背腰平直，腹大而不下垂，后躯丰满，肌肉发达，尻部较宽而平；角尖间距宽，角先向两侧平伸，再向上生长，少数角尖后生长。前肢粗短端正，后肢多呈弓状。蹄圆坚实，两悬蹄分开距离较其他品种大。

雪多牦牛公牛　　　　　　　　　　　　　　雪多牦牛母牛

2. 体重和体尺　2014 年 9 月对雪多牦牛进行体尺测定，成年公、母牦牛体高为 130.1cm 和 115.4cm，体斜长为 138.9cm 和 135.3cm，胸围为 182.4cm 和 164.9cm，管围为 22cm 和 17.3cm，成年公牦牛体重为 323.5kg，成年母牛体重为 257.5kg（测定结果见表 1）。公牛体尺和体重与青海高原牦牛相近，但母牛远高于青海高原牦牛。

表 1　雪多牦牛成年牛体重和体尺

类别	性别	样本数	体高（cm）	体斜长（cm）	胸围（cm）	管围（cm）	体重（kg）
雪多牦牛	公	57	130.1 ± 9.9	138.9 ± 10.7	182.4 ± 19.3	22.0 ± 1.1	323.5 ± 83.8
	母	315	115.4 ± 6.8	135.3 ± 3.9	164.9 ± 11.5	17.3 ± 1.3	257.5 ± 20.8
青海高原牦牛	公	63	127.8 ± 7.9	146.1 ± 12.0	180.0 ± 12.5	21.7 ± 3.6	334.9 ± 64.5
	母	242	110.5 ± 8.4	123.4 ± 8.2	150.6 ± 8.5	16.5 ± 2.2	196.8 ± 30.3
环湖牦牛	公	11	119.2 ± 7.9	132.6 ± 5.7	171.8 ± 10.6	21.2 ± 1.6	273.1 ± 45.2
	母	101	110.3 ± 6.8	121.1 ± 10.5	150.2 ± 11.5	16.2 ± 1.5	194.2 ± 44.3

注：青海高原牦牛和环湖牦牛数据来自《青海省畜禽遗传资源志》。

2014—2016 年，对雪多牦牛 276 头公犊牛、247 头母犊牛进行初生重测定，平均值分别为 14.8kg 和 13.7kg。

（二）生产性能

1. 产肉性能　2013 年 11 月，对 4 岁雪多牦牛公、母牦牛进行了屠宰测定，公牦牛屠宰率和净肉率分别为52.3%、42.1%；母牦牛屠宰率和净肉率分别为49.9%、41.6%（测定结果见表2）。

表2　雪多牦牛成年公、母牛屠宰测定结果

性别	样本数	宰前活重（kg）	胴体重（kg）	净肉重（kg）	骨重（kg）	屠宰率（%）	肉骨比
公	4	250.1±14.3	130.7±9.7	105.4±10.6	24.9±1.4	52.3	4.23:1
母	4	216.8±18.7	108.2±14.1	90.1±7.6	17.9±2.5	49.9	5.03:1

2. 产乳性能　2014年，对4头初产、7头经产雪多牦牛150d挤奶量进行了测定，初产牛日均挤奶0.82kg，经产牛日均挤奶1.3kg；初产牛150d挤奶量123kg，经产牛为195kg；经校正153d产奶量初产牛为241.1kg，经产牛382.2kg。

3. 产毛、绒性能　2011年，对雪多牦牛绒产量进行了测定，成年公牛产绒1.64kg，犍牛产绒1.08kg，成年母牛产绒0.95kg。由于牦牛毛、绒在毛纺工业中应用少，没有进一步开展绒毛品质分析。

4. 繁殖性能　雪多牦牛公牛30～36月龄开始配种，初配开始至6岁是配种力旺盛阶段，使用年限10年左右。母牦牛36～42月龄初配，成年母牛多两年一产。发情周期个体之间差异大，平均21.3d。发情持续期因年龄、个体不同而有差异，平均41.6～51h，妊娠期平均257d。

四、品种保护与研究利用

2010年以来，由青海省农牧厅牵头，青海省畜牧总站负责对全省各地区各类群的牦牛进行了部分遗传特性的试验研究，并提出相关的资源保护计划，组织向国家农业部申报了雪多牦牛种质资源保护项目等，积极推进雪多牦牛遗传资源的保护和利用。2011年在河南县赛尔龙乡兰龙村成立了河南县雪多牦牛种牛场，组建了雪多牦牛的繁育核心群，以种畜场为依托提高雪多牦牛种畜质量和群体品质，保护雪多牦牛种质资源。从2012年开始通过国家牦牛良种补贴项目的渠道向河南县及周边地区提供优良种畜，至今累计提供牦牛种公牛2 000头。此外，雪多牦牛乳、肉品质优良，但开发利用度低，一般为合作社自行对肉、乳进行简单初级加工销售，制成风干肉、酸奶、曲拉等产品，虽然在当地市场比较受欢迎，但因加工能力有限，产量少，特色和优势尚未能充分发挥，产品品牌化经营效应尚未形成。

五、品种评价

雪多牦牛产于青海省唯一的蒙古族自治县——河南蒙古族自治县。长期以来，雪多牦牛为当地蒙古族人民群众的生产生活提供了必需的物质资料。河南县降水多、河流多、沼泽地多，是青海省草地生态保护最好的地区，而且区内多为山地草甸草地，产草量高，因此雪多牦牛体格高大，四季膘情丰满，经长期进化和选择，形成了雪多牦牛产肉性能突出的特点。一直以来，雪多牦牛因个体大、产肉多、肉质好、极耐粗饲、抵抗力强等多个优点，受到各级政府的高度重视和当地牧民喜爱。当地牧民在选种选配的过程中始终都按当地雪多牦牛的特点进行繁育，使得其体型外貌特征和遗传特征一致性高，成为青海省高海拔地区牦牛类群中极具特色的一支，成为青海省发展特色畜牧业重要的依靠资源。近年来借助河南县大力发展有机畜牧业的东风，雪多牦牛肉、乳品的优质品质得到越来越多消费者的认可。但由于雪多牦牛一直以来都被划分在青海高原牦牛品种中，其资源保护相对滞后，特点、特色都尚未得到充分的研究和开发利用，今后应突出肉用性能方向，加强本品种选育，逐步提高其产肉性能，加大在青南地区尤其是河南县及周边地区推广，提升雪多牦牛遗传资源的综合开发利用水平。

威信白山羊

威信白山羊（Weixin White Goat）属肉皮兼用型山羊地方品种。因被毛白色并产于威信县而得名。2009年6月被列入"云南省省级畜禽遗传资源保护名录"。2015年列入《云南省畜禽遗传资源志》。

一、一般情况

（一）中心产区和分布

威信白山羊主要分布于威信县海拔1 100～1 800m的高二半山和高寒苗族聚居地区，主产于双河、高田两个乡镇，相邻的扎西、罗布、麟凤等乡镇也有分布。

（二）产区自然生态条件

威信县位于云南省东北角，居云南、贵州、四川三省结合部，总面积1 397.64km^2。位于北纬27°42′～28°07′、东经104°41′～105°18′，全境地处四川盆地南缘与云贵高原北缘之间的过渡丘陵地带。县境中部乌蒙山脉北支形成东西走向的分水岭将全县分为南、北两部分，形成中部高、南部北部低的鱼脊形地貌。境内最高海拔1 902m，最低海拔480m，山区占90%。属亚热带季风气候，冬无严寒，夏无酷暑，四季不明，旱、雨季不分；冬季阴湿寡照，夏季温热多雨。年降水量在900～1 100mm，相对湿度84%～89%。年平均气温13.3℃（3.4～22.5℃），极端最高气温38℃，极端最低气温 -9.8℃。年平均日照时数1 033.6h，无霜期290d。河流主要是南广河上游罗布河、赤水河北支源扎西河、白水江支流麟凤河三大水系，水质优良。

二、品种来源与变化

（一）品种形成

威信白山羊是在当地特殊的自然生态环境下，经长期选育逐步形成的优良地方山羊品种，历来是当地百姓的重要生产生活资料。据相关史料记载，境内百姓，尤其是聚居于当地高寒山区和高二半山区的苗族群众历史以来就有养羊吃肉的习惯，并有"殡葬之时，……，祭宰牛羊""色尚青、白"等习俗。《威信苗族》等资料记载，苗族于元朝以前即已迁入昭通地区和川南的部分山区，明朝时大量迁入，清乾隆时期已遍布四境。清同治时期有苗族先民"勤劳耕养，……，猪羊满厩"等记载。今境内明朝筑造的观斗山石雕群亦保留有山羊石雕像实物。因而，威信白山羊至迟于明朝初期就有饲养。

（二）群体数量及变化情况

近年来，威信白山羊群体数量稳步增长，1986年存栏1 830只，1996年存栏3 275只，2006年存栏4 982只，到2015年，威信白山羊总存栏6 812只，其中能繁母羊3 658只，种公羊213只，后备公羊228只。

三、品种特征和性能

（一）体型外貌特征

1. 外貌特征 威信白山羊体格中等，体质结实，外貌清秀，结构匀称。被毛白色，少数茶褐色或颈、肩、脊、臀、后下腹等处浅褐色或浅黄色，毛长而密。公羊鬐甲、肩、胸、尻及四肢腿部外侧毛稍长。皮肤白色或粉红色，皮中等厚而富弹性。头中等大小，多数有角，角粗大、向上向外扭转呈倒"八"字形，色蜡黄或灰黑；额略隆起（无角羊额顶有倒"八"字形隆起；公羊前额有较长的金黄色额毛），鼻梁平直，颌下有髯须。耳大小适中，向上向前倾斜。颈部无皱褶，部分羊颈部有一对肉垂。公羊鬐甲高而宽，胸宽深，前胸发达，肋开张拱起；母羊后躯发育良好，十字部约高于鬐甲。尻斜。锥形短尾、上翘。四肢端正，蹄质坚实，蜡黄色或灰黑色。

威信白山羊公羊   威信白山羊母羊

2. 体重和体尺 2015年5月，由昭通市畜牧兽医技术推广站和威信县农业局在威信县双河、扎西2个乡（镇）随机选择农户一般饲养条件下的102只成年羊（公羊20只，母羊82只）分别进行体尺、体重测量，结果见表1。

表1 威信白山羊成年羊体重和体尺

性别	数量	体重（kg）	体高（cm）	体长（cm）	胸围（cm）	胸宽（cm）	胸深（cm）	管围（cm）
公	20	42.6±3.89	64.7±3.44	68.0±2.40	81.9±3.78	21.6±3.46	31.9±2.0	9.2±0.3
母	82	38.7±2.01	62.8±1.72	66.9±2.47	78.8±3.14	17.6±1.01	31.0±0.71	9.1±0.24

（二）生产性能

1. 屠宰性能 2006年12月13日，由昭通市畜牧兽医站和威信县畜牧站对26只（公羊13只、母羊13只）威信白山羊进行了屠宰性能测定，结果见表2。

表2 威信白山羊成年羊屠宰性能测定

性别	宰前体重（kg）	胴体重（kg）	净肉重（kg）	屠宰率（%）	净肉率（%）	肌肉厚（cm）		眼肌面积（cm²）	皮张厚度（mm）	肉骨比
						腰部	大腿			
公	43.47±8.99	22.03±5.08	15.33±3.59	50.68±2.70	35.27±2.28	2.32±0.37	2.57±0.42	10.27±2.55	2.64±0.01	3.81±0.47
母	34.42±4.43	16.49±2.80	11.45±2.00	47.63±2.99	33.09±2.27	2.24±0.37	2.20±0.37	7.63±1.93	2.66±0.01	3.78±0.65

2. 繁殖性能 威信白山羊公羊 4～5 月龄、母羊 5～6 月龄性成熟。初配年龄一般为公羊 5～8 月龄，母羊 5～9 月龄。母羊 2～4 岁为繁殖旺盛期，利用年限一般为 5～6 年。

母羊一年四季均可发情，但以秋季最为旺盛，春季次之。多秋配春产和春配秋产，一般两年 3 胎。母羊发情明显，配种方式均为本交。发情周期 19～22d，平均 20.8d，发情持续期 36h。每个发情季节每只公羊配母羊 15～30 只。怀孕期 146～152d（平均 150d）。产羔率 191.89%，其中，单羔率 13.5%，双羔率 81.1%，三羔率 5.4%。

3. 生长性能 由表 3 可看出：威信白山羊初生重：公羔（1.73±0.10）kg，母羔（1.71±0.09）kg；60 日龄断奶重：公羔（8.85±0.19）kg，母羔（8.58±0.18）kg；60 日龄日增重：公羔 118.7g，母羔 114.5g。6 月龄体重公羊 16.5kg，母羊 16.4kg；周岁体重公羊 28.79kg，达成年羊的 69.54%；周岁母羊体重 27.45kg，达成年羊的 70.93%。

表 3　威信白山羊各阶段体重

项目	初生		60 日龄		6 月龄		周岁		成年羊	
	公	母	公	母	公	母	公	母	公	母
测定数量（只）	42	42	41	40	15	16	20	32	20	82
体重（kg）	1.73	1.71	8.85	8.58	16.5	16.4	28.79	27.45	42.6	38.7
标准差（±）	0.10	0.09	0.19	0.18	1.52	2.80	1.51	3.55	3.89	2.01

四、品种保护与研究利用

2004 年起县农业局开始着手威信白山羊保种选育工作，到 2015 年已划定扎西镇、双河乡、罗布镇、高田乡 4 个乡镇为保护区，保护区严禁引入外来山羊品种。在保护区内扶持帮助饲养户完善圈舍、排污处理、疫病防控等基础设施建设，指导饲养户进行选种选育，提纯复壮。保护区 2015 年年末存栏 2 980 只，其中能繁母羊 1 785 只，种公羊 104 只。并在双河乡半河村、罗布镇簸箕村、扎西镇长地村等建有 6 个保种户，共存栏 459 只，其中能繁母羊 269 只，种公羊 14 只。

威信县农业局结合本县威信白山羊品种源数量、品种特征特性、生产性能、群众饲养习惯、饲养方式等实际情况，制定了初步的威信白山羊保种方案和品种标准（试行），但尚未建立品种登记制度。

五、品种评价

威信白山羊外貌特征基本一致，遗传稳定。具有抗逆性强、性成熟早、产羔多的特点。目前，威信白山羊大多处于饲养户自发与自然的养殖状态。生产中存在重母轻公、配种过早、羊群结构不合理等问题。当地近年来虽然制定了保种方案和品种标准（试行）以及划定了一定的保护区，也对品种的种质特性进行了一些研究，但各方面工作还有待进一步深入。为促进该遗传资源的保护和开发利用，发展特色养羊产业，促进红色老区和少数民族地区的增产增收和农村脱贫致富，建议进一步建立健全威信白山羊的保种体系、繁育体系和开发体系，并加强种质特性的深入研究，开展有序的开发利用。

荆门黑羽绿壳蛋鸡

荆门黑羽绿壳蛋鸡（Jingmen Black Feather Blue Shell Chicken）属兼用型地方品种。

一、一般情况

（一）原产地、中心产区及分布

荆门黑羽绿壳蛋鸡主要分布于荆门市的京山县、掇刀区、沙洋县、东宝区、钟祥市的30个乡镇。原产地为京山县杨集镇、绿林镇，掇刀区麻城镇、团林铺镇。中心产区为京山县杨集镇、绿林镇、三阳镇、钱场镇，掇区刀麻城镇、团林铺镇，东宝区牌楼镇、子陵镇，沙洋县十里铺镇等地。

（二）产区自然生态条件

荆门市位于湖北省中部，地处北纬30°32′～31°36′、东经111°51′～113°29′，地处江汉平原西北部的平原与丘陵山区结合部。地形由平原、丘陵和低山组成。地势东、西、北三面高，中、南部低。区域内最高海拔1 050m，西北和中部为低山丘陵，海拔多在200～500m；东部和南部为平原湖区，地面高程30～50m。全年平均气温16.4℃，无霜期262d，年平均日照时数1 676.6h，年均降水量951mm，平均相对湿度为77%。产区属亚热带季风性湿润气候，气候温和，水、光、热充足。丘陵山区植被覆盖率高，平原湖区水网密布，农业发达，主要农作物有水稻、油菜、甘薯、玉米等。

二、品种来源与变化

（一）品种形成

荆门黑羽绿壳蛋鸡历史悠久，多年来，荆门一带农户养鸡中，就有产绿壳蛋的黑羽土鸡自然分布。清·光绪八年《京山县志》【风俗篇】就记述了当地北部山区有黑羽鸡产绿壳蛋，以及百姓对黑羽鸡和绿壳蛋的利用习俗。由于产绿壳蛋的黑鸡深受农民喜爱，常作为馈赠亲友的珍贵礼物，通过民间有意识地选留、饲养，使黑羽鸡产绿壳蛋的基因得到扩散，黑羽鸡产绿壳蛋的性状得到固定和遗传。随着种群数量不断扩大，逐渐形成了具有一定种群数量、外貌特征一致的荆门黑羽绿壳蛋鸡品种。

（二）群体数量及变化情况

2015年调查，全市共有荆门黑羽绿壳蛋鸡35.17万只，其中公鸡2.92万只，母鸡32.25万只。

与 2005 年全市调查的存笼 38.96 万只相比，减少 6.71 万只。

三、品种特征和性能

（一）体型外貌特征

1. 外貌特征　荆门黑羽绿壳蛋鸡全身黑羽、白皮肤、单冠红色、青胫、片羽、产绿壳蛋。耳叶白色为主，部分红色。胫部无跖羽，四趾。公母鸡均尾羽上翘，外形呈 U 形。单冠直立，有 6~8 个冠齿，虹彩橙黄，无胡须和凤头。雏鸡出壳后颈部腹侧及胸腹部为淡黄色-灰白色，翅尖白色，其他部位为黑色，第一次换羽（约 8 周龄）后，均为全身黑羽。成年鸡母鸡颈、背部羽毛及公鸡鞍羽、蓑羽、镰羽等多带绿色光泽。公鸡头大，冠基肥厚，体质结实，胸深且略向前突，姿势雄伟、健壮。母鸡头小，面清秀。

荆门黑羽绿壳蛋鸡公鸡

荆门黑羽绿壳蛋鸡母鸡

2. 体重和体尺　荆门黑羽绿壳蛋鸡成年体重和体尺见表 1，不同生长阶段体重见表 2。

表 1　荆门黑羽绿壳蛋鸡体重和体尺

性别	体重（g）	体斜长（cm）	胸宽（cm）	胸深（cm）	胸角（度）	龙骨长（cm）	骨盆宽（cm）	胫长（cm）	胫围（cm）
公	1 734.9±82.61	20.54±0.95	6.56±0.44	10.53±0.61	34.7±3.19	10.49±0.55	6.5±0.38	10.3±0.59	4.4±0.16
母	1 371.56±52.92	17.33±0.50	6.68±0.42	10.34±0.47	55.19±3.73	10.07±0.39	7.03±0.38	8.48±0.26	3.41±0.16

注：2006 年 12 月由湖北省畜牧兽医局和省农业科学院专家在掇刀区畜牧业局生猪屠宰场测定，测定鸡群日龄 300d，公鸡测 30 只，母鸡测 36 只。

表 2　荆门黑羽绿壳蛋鸡生长期不同阶段体重（g）

性别	1 周龄	4 周龄	6 周龄	8 周龄	12 周龄	14 周龄	16 周龄	18 周龄	20 周龄
公	53.6±3.7	186.76±17.56	389.82±22.16	489.2±43.67	789.56±85.81	987.56±100.54	1 257.26±140.68	1 471.45±182.13	1 694.68±214.6
母	51.2±3.4	171.8±13.82	250.5±20	417.2±35.23	596.33±64.52	740.10±81.75	916.64±110.43	1 094.78±132.25	1 215.73±153.47

注：2015 年由湖北神地农业科贸有限公司保种场测定，测定公母鸡各 50 只。

（二）生产性能

1. 屠宰性能　荆门黑羽绿壳蛋鸡屠宰性能见表 3。

表3   荆门黑羽绿壳蛋鸡屠宰性能

性别	宰前活重（g）	屠体重（g）	屠宰率（%）	半净膛率（%）	全净膛率（%）	腹脂重（g）	腿肌重（g）	胸肌重（g）
公	1 887.83±80.48	1 631.83±79.52	86.44	79.72	67.18	19.23±6.05	398.67±28	181.33±14.45
母	1 371.5±52.92	1 210.9±66.29	88.29	64.83	58.4	52.03±16.95	188.31±11.25	126.56±12

注：2015年7月由湖北省农业科学院畜牧兽医研究所家禽研究室测定，测定公鸡30只，母鸡32只。测定鸡群日龄343d。

2. 蛋品质   荆门黑羽绿壳蛋鸡蛋品质测定结果见表4。

表4   荆门黑羽绿壳蛋鸡蛋品质

蛋重（g）	蛋形指数	蛋壳强度（kg/cm²）	蛋壳厚度（mm）	蛋壳色泽	哈氏单位	蛋黄比率（%）
47.53±1.67	1.3±0.03	3.23±0.53	0.29±0.021	绿色	81.22±6.58	32.86±1.91

注：2015年6月由华中农业大学测定300日龄鸡所产60个鲜蛋样品。

3. 繁殖性能   根据湖北神地农业科贸有限公司荆门黑羽绿壳蛋鸡保种场观察记录，荆门黑羽绿壳蛋鸡5%开产日龄147d；50%产蛋日龄168d；产蛋高峰周龄31周，对应产蛋率78.97%；300日龄平均蛋重47.53g；72周龄（HH）产蛋数156个，总产蛋重7.41kg；72周龄（HD）产蛋数164个，总产蛋重7.79kg；72周龄淘汰时产蛋率34%；产蛋期料蛋比3.95∶1；产蛋期存活率88%；种鸡66周龄产蛋数（HD）148个；种蛋受精率91.8%；受精蛋孵化率89%；健雏率94%。荆门黑羽绿壳蛋鸡笼养下就巢率不大于2%，农村散养条件下就巢率16.51%。

四、品种保护与研究利用

（一）保种方式

荆门黑羽绿壳蛋鸡现建有保种场，现阶段有80个家系的保种群，种鸡场常年饲养核心群种鸡3 000只以上。

（二）选育利用

荆门黑羽绿壳蛋鸡自1994年开始进行资源收集、整理与提纯，2000年成立了荆门黑羽绿壳蛋鸡种鸡场，每年扩繁推广荆门黑羽绿壳蛋鸡10余万只。2007年后，每年种鸡场核心群饲养规模3 000多只，并向省内供种。在进行家系保种的同时，对鸡群进行了快慢羽鉴别和绿壳蛋基因分析，高度纯合了绿壳蛋基因，分别建立了快羽和慢羽家系。于2012年开展了与江汉鸡、罗曼等鸡种的杂交试验。鸡种除产区外，其省内多个县市也有引进饲养，利用方式主要为规模化生态放牧饲养和农户传统散养。

五、品种评价

荆门黑羽绿壳蛋鸡产绿壳蛋基因高度纯合，蛋壳绿色纯正；蛋黄比率高；产肉性能好，胴体皮薄肉细毛孔小；笼养母鸡就巢率不大于2%；适应性好，觅食能力强，耐粗放饲养。

在国内地方品种鸡中，荆门黑羽绿壳蛋鸡在黑羽、白皮肤、产绿壳蛋这一遗传特性方面具有独特性。我国地域广阔，市场消费结构多元化，这一特性可以满足不同区域的市场消费需要。在进一步提

高荆门黑羽绿壳蛋鸡产蛋性能的同时，利用其产绿壳蛋基因为显性基因，且基因纯合度高的特点，可建立商品生产的杂交配套系，以满足国内市场对绿壳鸡蛋的需求。

鸡群中存在快羽和慢羽个体，经选择建立快慢羽品系后进行配套繁殖，可在本品种繁育或与其他鸡种开展杂交时，便于进行羽速自别雌雄。

可利用荆门黑羽绿壳蛋鸡适应性强、耐粗放饲养、产绿壳蛋比率高的特性，通过进一步选育提高其产蛋量，培育国内适宜规模化生态放牧的、以高端禽产品生产为对象的生态放牧饲养的专门化地方鸡品种。此外，由于该鸡种皮薄肉细，肉质优良，也可作为有色羽肉鸡配套系开发的育种素材。

娄门鸭

娄门鸭（Loumen Duck），又名娄门大鸭，属兼用型品种。

一、一般情况

（一）中心产区及分布

娄门鸭原产地为江苏省苏州市，中心产区为昆山市，主要分布于锦溪、张浦、淀山湖、周庄、巴城等湖区乡镇。

（二）产区自然生态条件

苏州市位于北纬30°47′~32°2′、东经119°55′~121°20′，地处江苏省东南部，西抱太湖（太湖70%以上水域属苏州），北临长江入海口，东邻上海，地形以平原为主，地势平坦，境内河港交错，湖荡密布，湖泊众多。年均气温15.7℃，年均日照时数1 965h，无霜期230d。年均降水量1 100mm。四季分明，雨量充沛，气候温和，无霜期长，日照充足，属北亚热带南部季风气候。充足的阳光，温和的气候，对娄门鸭生长繁育非常有利。苏州昆山属长江三角洲太湖平原。境内河网密布，地势平坦，自西南向东北略呈倾斜，自然坡度较小。北部为低洼圩区，中部为半高田地区，南部为濒湖高田地区。

二、品种来源与变化

（一）品种形成

苏州饲养和消费鸭的历史悠久，娄门鸭在新中国成立初期名声较大，我国最早的畜牧专业教材和家禽饲养管理丛书中均有介绍。如张照和杨永祚1960年所著《饲养鸡鸭鹅实用知识》，以及1961年河北省张家口农业专科学校主编的《养禽学》教材中都详细介绍了娄门鸭的生产性能。20世纪80年代的新闻报道中也常出现娄门鸭。

（二）群体数量及变化情况

娄门鸭历史上饲养量较大，新中国成立前年产量100多万只，远销四周县市，20世纪60年代受其他鸭冲击，娄门鸭饲养量有所下降，年饲养量20多万只，90年代饲养量急剧下降，政府采用补贴鸭户保种。2013年昆山政府新建保种场，自然生态环境与娄门鸭原产地一致，建立家系30~40个，保种群公鸭100只，母鸭500只。娄门鸭扩繁殖场和产区散户年饲养商品鸭2万多只。

三、品种特征和性能

（一）体型外貌特征

1. 外貌特征　公鸭头颈墨绿色，有光泽，背部黑色，部分主翼羽有白斑，胸部棕色，腹部灰白色，尾部黑色；喙青黄色；胫、蹼橘红色，有性羽。

母鸭麻羽，镜羽蓝色；喙青灰色；胫、蹼橘黄色。

雏鸭体躯绒毛以黄色为主，头部有星形黑斑，尾部黑色。

娄门鸭公鸭

娄门鸭母鸭

2. 体重和体尺　娄门鸭成年体重和体尺见表1。生长期不同阶段体重见表2。

表1　成年体重和体尺

性别	体重（g）	体斜长（cm）	胸宽（cm）	胸深（cm）	龙骨长（cm）	骨盆宽（cm）	胫长（cm）	胫围（cm）	半潜水长（cm）
公	2 437±225	24.4±1.2	9.2±0.5	9.8±0.4	13.5±0.5	6.8±0.4	7.2±0.3	4.1±0.2	53.7±2.4
母	2 275±213	22.8±0.9	8.9±0.5	9.5±0.8	12.6±0.4	6.7±0.3	6.7±0.4	4.0±0.2	48.6±1.3

注：2015年5月11日由娄门鸭保种场测定300日龄公、母鸭各30只。

表2　生长期不同阶段体重

性别	初生重（g）	2周龄（g）	4周龄（g）	6周龄（g）	8周龄（g）	10周龄（g）
公	40.7±3.5	374.1±32.1	1 194.9±95.2	1 742.6±152.1	2 196.0±195.2	2 443.9±209.5
母	40.1±3.6	374.0±33.5	1 168.8±94.6	1 732.1±153.2	2 007.7±192.4	2 209.1±201.7

注：2015年7月至10月由娄门鸭保种场测定公、母鸭各100只。

（二）生产性能

1. 肉用性能　在舍饲条件下，娄门鸭56日龄公、母鸭平均体重为2 100g，饲料转化比为3.5∶1。娄门鸭屠宰性能测定结果见表3，肉品质测定结果见表4，肌肉主要化学成分见表5。

2. 繁殖性能　娄门鸭5%开产日龄170～190d，66周龄入舍母鸭产蛋数190～210个，蛋重75g，蛋壳以白色为主；公母配比1∶10时，种蛋受精率90%左右，受精蛋孵化率90%左右；母鸭无就巢性。

表3 屠宰性能测定结果

性别	宰前体重（g）	屠宰率（%）	半净膛率（%）	全净膛率（%）	腿肌率（%）	胸肌率（%）	腹脂率（%）
公	2 437 ± 225	91.5 ± 1.7	78.3 ± 3.3	71.8 ± 2.6	12.5 ± 1.3	13.2 ± 1.7	2.0 ± 1.5
母	2 275 ± 213	92.5 ± 1.6	78.1 ± 2.7	71.0 ± 2.7	11.5 ± 1.2	13.6 ± 1.8	2.1 ± 1.1

注：2015年5月11日由娄门鸭保种场测定300日龄公、母鸭各30只。

表4 肉品质测定结果

性别	剪切力（kg/cm²）		失水率（%）		pH	
	胸肌	腿肌	胸肌	腿肌	胸肌	腿肌
公	3.75 ± 0.85	4.57 ± 1.55	26.92 ± 5.29	22.56 ± 5.12	6.35 ± 0.21	6.55 ± 0.28
母	4.23 ± 0.5	4.02 ± 1.15	17.99 ± 3.76	17.43 ± 4.68	6.45 ± 0.19	6.66 ± 0.18

注：2015年5月11日由江苏省家禽科学研究所测定300日龄公、母鸭肉样各30份。

表5 肌肉主要化学成分

性别	水分（%）	干物质（%）	粗蛋白质（%）	粗脂肪（%）	粗灰分（%）
公	73.1 ± 6.0	26.9 ± 2.2	24.1 ± 0.9	2.1 ± 0.5	1.71 ± 0.7
母	73.0 ± 6.2	27.0 ± 2.3	24.3 ± 1.0	2.3 ± 0.5	1.73 ± 0.8

注：2014年5月30日由江苏省家禽科学研究所测定300日龄公、母鸭肉样各30份。

3. 蛋品质 娄门鸭蛋品质测定结果见表6。

表6 蛋品质测定结果

蛋重（g）	蛋形指数	蛋壳强度（kg/cm²）	蛋壳厚度（mm）	蛋壳色泽	哈氏单位	蛋黄比率（%）
75.1 ± 4.8	1.34 ± 0.05	4.69 ± 0.62	0.38 ± 0.02	90%白色 10%青色	71.3 ± 6.1	33.8 ± 1.8

注：2015年5月12日由江苏省家禽科学研究所测定300日龄鸭蛋30个。

四、品种保护与研究利用

昆山麻鸭原种场承担收集、整理与保存工作。昆山县畜牧兽医站自20世纪90年代就在昆山本地通过政府补贴一定保种经费的方式让养鸭户进行保种。从2008年开始昆山市农业局与江苏省家禽科学研究所合作，进行娄门鸭的抢救性保护工作。2013年新建保种场建筑面积超过2 000m²，拥有个体小间60个，配套设施齐全。从2013年新保种场建成开始，组建单父本家系30~40个，采取群体选择与家系选择相结合的方式进行提纯复壮，重点针对娄门鸭的品种特性进行整理，提高生产性能和整齐度。2015年公布的江苏省畜禽遗传资源保护名录中，娄门鸭被列为濒危资源。2018年通过国家畜禽遗传资源委员会的审定，成为国家级新的遗传资源。

五、品种评价

娄门鸭属蛋肉兼用的大型麻鸭，具有觅食力强、肉质好、生长快等特点。但该品种产蛋量相对较

少，今后可通过选育提高其产蛋量。娄门鸭是在苏州湖区独特的自然环境与生产条件下，经当地人民长期选择而形成的地方品种。对当地环境气候有着很好的适应性，适合在本地及周边地区推广。随着人们生活水平的提高，人们对鸭肉质的要求越来越高，生长速度很快，但肉质较差的白羽肉鸭已无法满足消费者日益挑剔的味蕾，肉质细嫩鲜美的娄门鸭必将受到消费者的青睐。将娄门鸭进行系统选育提高，挖掘其生产潜力，以苏州酱鸭、卤鸭和燻鸭加工为载体，进行开发利用，可以发展成昆山乃至苏州的地方特色经济。所有这些规划都是建立在有资源的基础上，如果娄门鸭灭绝，便无法再生，开发利用也无从谈起。所以无论从历史责任感和今后发展的需要，对娄门鸭进行抢救性保护，并提纯复壮都势在必行，且意义重大。

富蕴黑鸡

富蕴黑鸡（Fuyun Black Chicken）俗称黑宝鸡、哈萨克土鸡，属大型地方肉用品种。

一、一般情况

（一）中心产区及分布

富蕴黑鸡主要分布在阿勒泰地区的富蕴县、阿勒泰市、福海县及青河县等地，中心产区在富蕴县克孜勒希力克乡和吐尔洪乡。

（二）产区自然生态条件

富蕴县地处新疆维吾尔自治区北部，阿勒泰地区东端，额尔齐斯河上游，位于北纬45°00′~48°03′、东经88°10′~90°31′。北部与蒙古人民共和国接壤，东临青河县，西接福海县，南延准噶尔盆地，与昌吉回族自治州的奇台县、吉木萨尔县、阜康市毗邻。县域内地势复杂，地貌兼有山区、盆地、河谷、戈壁、沙漠五大类，北高南低，海拔一般在800~1 200m，最高点都新乌拉峰，海拔3 863m，最低海拔317m（三泉洼地）。富蕴县属大陆性寒温带干旱气候，冬季严寒而漫长，夏季炎热，春秋季短暂，日照充足，年平均日照时数2 900h，平均气温3.0℃，极端最高气温42.2℃，极端最低气温-51.5℃，平均无霜期137d，年降水量189.6mm，年蒸发量1 970mm。产区主要以农作物种植为主，粮食以小麦、玉米为主，油料作物以油菜、向日葵为主，还有豆类、红花、黑加仑等作物。

二、品种来源与变化

（一）品种形成

富蕴黑鸡最初是在牧区由哈萨克族牧民饲养的鸡种，哈萨克族群众称其为"哈萨克土鸡"，在当地饲养已有100多年的历史。据调查，该品种鸡来源于一百多年前，当时，有少量俄国人进入富蕴县可可托海地区经商、旅游、探矿，并且有一部分俄国人带着家眷长期居住于此地，逐渐俄国人也将一种黑鸡引进阿勒泰草原。随着黑鸡的食用价值被牧民认可，牧民也逐步有意识开展黑鸡的民间选育，富蕴黑鸡就是经过长期的人工选育和风土驯化而逐渐形成的地方品种。由于山里牧场是饲养马、牛、羊的地方，基本不养家禽，而且牧场远离家禽养殖集中的农区，所以这些黑鸡在牧区得以较好地纯繁发展。

（二）群体数量及变化情况

经过长期的民间选育，富蕴黑鸡的纯度和增重速度均有较好的提高，并有一定数量的群体。由于

黑鸡长期生长在高山寒冷地区的草原牧场，不仅产生了极好的抗寒能力，还因采食到大量的野草和昆虫，对鸡的体质、生产性能甚至鸡肉的风味，都有较大的改变和提高。据初步调查统计，2015年全县纯种和杂交程度较轻的富蕴黑鸡有5万多羽。其中，富蕴县乌鸡保种场有纯种富蕴黑鸡8 000多羽。其余均分散在农牧民家中饲养。

三、品种特征和性能

（一）体型外貌特征

1. 外貌特征　雏鸡绒毛背颈部为深黑色，胸腹部为灰白色；成年鸡羽毛全身黑色；其年他无特殊的遗传特征。喙、胫为黑色，皮肤、肉为灰色。

（1）体形特征　体稍短，胸较深，躯体呈方形，昂头翘尾，挺胸，侧观似马鞍形。

（2）头部特征　头较方、单冠直立；眼大、圆、稍突出，冠、髯、爪均为黑色。

（3）其他特征　少数黑鸡有五爪。

富蕴黑鸡公鸡

富蕴黑鸡母鸡

2. 体重和体尺　2013年7月在富蕴县富蕴黑鸡资源保种场对60只成年富蕴黑鸡（公30只、母30只）进行体尺测量，所得数据见表1。

表1　富蕴黑鸡成年鸡（300日龄）体尺

单位：cm

性别	数量	体斜长（X±S）	龙骨长（X±S）	胫长（X±S）	胸深（X±S）	胸宽（X±S）	骨盆宽（X±S）	胫围（X±S）
公	30	24.1±1.49	13.7±1.16	11.3±0.79	11.3±0.89	10.1±10.14	10.1±1.08	4.6±0.41
母	30	21.6±0.74	11.8±0.61	9.4±0.68	9.98±0.74	8.69±1.00	8.45±0.88	4.4±0.28

注：X：平均数，S：标准差。

在富蕴县富蕴黑鸡资源保种场取样初生雏鸡、60日龄鸡、150日龄鸡、300日龄鸡公、母各30只进行体重测量，所测结果见表2。

表2　富蕴黑鸡不同日龄体重

单位：g

性别	初生重	60日龄	150日龄	300日龄
公	33~39	1 155.6	2 313.3	2 640
母	29~37	976.7	1 620.7	2 420

（二）生产性能

1. 繁殖性能　富蕴黑鸡开产日龄为155日龄，72周龄可产蛋170个，平均蛋重58g，种蛋受精率为88%～92%，受精蛋孵化率为85%～93%。

2. 蛋品质量　富蕴黑鸡鸡蛋的蛋形指数1.34。蛋黄色泽6～11级，哈氏单位77，蛋壳厚度0.44mm，蛋壳浅褐色。

3. 产肉性能　据2013年7月在富蕴县富蕴黑鸡资源保种场取样富蕴黑鸡60只（公30只、母30只）进行屠宰测定，结果见表3。

表3　富蕴黑鸡屠宰测定

性别	数量	活重（g）	屠体重（g）	半净膛重（g）	全净膛重（g）	腿肌肉（g）	胸肌肉（g）	屠宰率（%）	半净膛率（%）	全净膛率（%）	腿肌率（%）	胸肌率（%）
公	30	2 640	2 390	2 220	1 860	482	287	90.5	84.1	70.5	25.9	15.4
标准差		410	390	360	320	90	50					
母	30	2 420	2 190	1 820	1 500	329	215	92.6	77.4	61.5	21.9	14.3
标准差		280	300	240	190	70	50					

四、品种保护与研究利用

据新疆钟元伦教授初步调查，富蕴黑鸡在新疆各地虽有少量零星分布，但均在农户家中与其他品种鸡混养，未发现有集中养殖点，更无保种选育场点。只有富蕴县首次把当地的黑鸡集中起来保护，开始了选育工作，并获得了80 000多羽的优良后代。

五、品种评价

富蕴黑鸡的体重、产蛋量、蛋重等主要生产性能指标均在全国13个乌鸡品种之上，品质优良。群体数量已达到8 000套以上，家禽品种数量有3 000套即可达到保种群体的数量要求，为保护开发利用资源奠定了坚实基础。

富蕴黑鸡具有耐粗、抗寒、耐热的优良特性，适应性强，育成鸡可以在草地、林地放牧饲养，养殖成本较低，是农牧民快速致富的优良品种。

富蕴黑鸡皮肤、肌肉、骨骼内均有大量黑色素沉积，因此具有一定的营养保健、美容功能，也是很好的滋补品，比一般禽肉更具市场竞争优势。

天长三黄鸡

天长三黄鸡（Tianchang Yellow Chicken）（又名天长土鸡），是中国家禽地方品种之一，经济类型属于肉蛋兼用型。

一、一般情况

（一）中心产区及分布

天长三黄鸡原产于安徽省天长市，主要分布于皖东高邮湖畔半岗半圩地区，安徽省来安县、全椒县以及江苏省盱眙县、金湖县、六合区等地也有分布。

（二）产区自然生态条件

天长市地处皖东，南临长江，北枕淮河，幅员面积 1 770km²，地势以丘陵为主，平原区平均海拔 4～5m。产区属亚热带湿润季风性气候。阳光充足，气候温和，雨量适中，四季分明。产区适合种植水稻、玉米、小麦、大豆、油菜、棉花、瓜果等作物。全市粮食产量丰富，农产品加工较为发达，农副产品多，为天长三黄鸡的饲养奠定了基础。

二、品种来源与变化

（一）品种形成

1981 年《江苏农学院学报》上发表的论文"新扬州鸡的选育"中提到，培育新扬州鸡的原始亲本产在扬州市郊区、邗江、六合等县以及天长县（安徽省）一带，表明新扬州鸡的育种素材包括天长三黄鸡。1983 年天长县畜牧兽医站发布《天长县畜牧资源调查及畜牧业区划报告》，其中记载"天长以盛产地方良种'三黄鸡'闻名，出口红壳蛋著称。三黄鸡外观以喙部黄、趾部黄、毛色黄为主要特征。同时皮下脂肪发达，皮肤亦呈黄色"。其中还记载，"从 1978 年以来，支持我县办三黄鸡场保护地方良种提纯复壮，有所进展"。1987 年安徽省发布了天长三黄鸡地方品种标准（皖 D/XM13—1987），收录于安徽省地方家畜家禽蜜蜂品种标准。1992 年出版的《天长县志》，记载了之前几十年的畜禽养殖情况。其中有："天长三黄鸡系肉蛋兼用型……""黄喙、黄脚、黄皮肤"的三黄鸡是地方优良品种，属肉蛋兼用型。常年饲养量占家禽饲养量的 60% 左右，体重在 1.25～1.75kg，少数 2kg 以上，年产蛋 120 枚左右，喜抱窝，蛋壳红色，质优。

（二）群体数量及变化情况

20 世纪 80 年代，天长市饲养的鸡大多是天长三黄鸡，年出栏量 20 万～50 万只，蛋肉兼用。后来由于现代养鸡业的发展，受外来品种冲击，天长三黄鸡饲养数量直线下降，且受到外来鸡种杂交的影响，2005年饲养量仅数万只。2005年以后，随着土鸡养殖逐渐兴起，天长三黄鸡饲养量逐渐恢复，但外来鸡种血缘的渗入威胁一直是不容忽视的问题。

2008—2009年，安徽省畜牧局将天长三黄鸡列为遗传资源普查对象，由安徽省畜禽遗传资源保护中心、安徽农业大学组成的专家团队对该资源进行了调查，并上报农业部进行遗传资源鉴定。遗憾的是，因当时无专门的保种场，专家组建议暂缓鉴定。之后，在安徽省畜牧部门的推动下，在安徽农业大学的技术支持下，组织了民间力量办场保种和开发利用。

据滁州市畜牧局和安徽省畜禽遗传资源保护中心2015年调查统计，分布区域天长三黄鸡总存栏数约10多万只，其中存栏大于2 000只的规模化养殖场约20家，主要分布在天长市大通镇、冶山镇、永丰镇、杨村镇和石梁镇。

天长三黄鸡省级保种场——天长市圣庆养殖场（已并入天长市金羽禽业有限公司），具有天长三黄鸡核心群42个家系，核心群成年母鸡约400只，公鸡约100只。扩繁群3 000多只，其中公鸡约占15%。

三、品种特征和性能

（一）体型外貌特征

1. 外貌特征 天长三黄鸡体型偏小，体质紧凑，具有黄喙、黄脚、黄羽"三黄"特征。头清秀，单冠直立，冠齿5～7个。冠、肉垂红色，耳叶红色或白色，虹彩橘红色。胫长中等，较细，少数有胫羽。皮肤黄色或白色。公鸡梳羽、蓑羽金黄色或红棕色，翼羽金黄色，部分翼羽黑色，胸部和腹部羽毛浅黄色，镰羽褐黑色富有光泽。母鸡颈羽、鞍羽、背羽黄色或略带浅麻色点，翼羽黄色，胸部和腹部羽毛浅黄色，尾羽麻黄色或褐色。雏鸡羽毛浅黄色，背部少许麻色带纹。

天长三黄鸡公鸡 　　　　　　　　　　　　　天长三黄鸡母鸡

2. 体重和体尺 天长三黄鸡体重成年公鸡在1.8kg左右、成年母鸡在1.5kg左右；成年公鸡体斜长23.6cm、胸深11cm、胸宽7cm、龙骨长11.2cm、骨盆宽6.7cm、胫长8cm、胫围4.3cm左右，成年母鸡体斜长20.3cm、胸深10.1cm、胸宽6.4cm、龙骨长10.2cm、骨盆宽6.3cm、胫长6.7cm、胫围3.5cm左右。

（二）生产性能

天长三黄鸡120日龄肉品质见表1，繁殖性能见表2。

表 1　天长三黄鸡 120 日龄肉品质

项　目	部位	公鸡	母鸡
剪切力（N）	腿肌	17.63 ± 3.01	17.00 ± 2.24
	胸肌	15.89 ± 3.16	15.21 ± 2.31
滴水损失（%）	腿肌	2.87 ± 0.53	3.26 ± 0.77
	胸肌	2.97 ± 0.54	4.12 ± 0.63
蒸煮损失（%）	腿肌	25.63 ± 3.56	24.4 ± 4.88
	胸肌	22.29 ± 2.84	23.01 ± 2.40
pH	腿肌	6.20 ± 0.39	6.46 ± 0.33
	胸肌	5.94 ± 0.36	5.97 ± 0.24
干物质（%）	腿肌	25.78 ± 1.21	25.36 ± 0.57
	胸肌	27.52 ± 1.59	27.21 ± 1.48
粗蛋白质（%）	腿肌	21.08 ± 0.63	21.53 ± 0.65
	胸肌	23.63 ± 0.87	24.06 ± 1.26
肌内脂肪含量（%）	腿肌	4.58 ± 1.01	4.94 ± 1.21
	胸肌	1.29 ± 0.45	1.89 ± 0.53
胸肌率（%）		14.11 ± 1.80	13.80 ± 1.73
腿肌率（%）		17.61 ± 2.23	17.35 ± 2.14
腹脂率（%）		1.66 ± 0.74	2.25 ± 0.62

表 2　天长三黄鸡繁殖性能

项　目	参　数
5% 开产日龄	138
开产蛋重（g）	35.2 ± 1.77
43 周龄蛋重（g）	48.9 ± 5.54
43 周龄饲养日产蛋数（个）	86.8 ± 14.50
66 周龄饲养日产蛋数（个）	156.3 ± 22.60
种蛋受精率（%）	90 ~ 93
受精蛋孵化率（%）	92 ~ 94
健雏率（%）	98 ~ 99

四、品种保护与研究利用

2010 年，天长市叶圣山等着手收集民间纯种天长三黄鸡，自繁自养，并成立圣庆养殖场，建设了保种鸡舍，专门开展天长三黄鸡提纯复壮、保种和开发利用。2015 年，安徽省农委授予圣庆养殖场"天长三黄鸡"保种场，纳入省级保种财政补贴的遗传资源。2010—2012 年工作重点是收集纯种天长三黄鸡，配种扩繁，初步提纯；2013 年以来，扩大本品种扩繁规模、加大提纯选择力度，并开展了家系繁育。采用家系等量留种的保种方法，现有家系数 42 个，核心群成年母鸡约 400 只，公鸡约100只，已经建立了系谱登记、生产性能测定制度。现有扩繁群3 000多只。通过这几年的保种工作，天长三黄鸡有了稳定的保种群体，生长发育均匀度和繁殖性能都有一定的提高。今后将进一步明确保种性状，优化保种方案，持续开展继代保种工作。

迄今为止，保种场尚未开展天长三黄鸡与别的品种杂交。从2015年起，保种场陆续向农户提供天长三黄鸡苗，至2016年年底，累计提供苗鸡约10 000只。2016年，安徽农业大学测定了鸡群中快慢羽基因的频率。快羽基因（k）频率约为0.6，慢羽基因（K）频率约为0.4，为今后建立快慢羽自别雌雄提供条件。

五、品种评价

天长三黄鸡体型较小，成年公鸡体重为1.6～1.7kg，母鸡为1.3～1.4kg，早期生长速度较慢。但是该资源对产区的环境适应性好，好饲养，成活率高；母鸡开产日龄适中，产蛋潜力较高；鸡蛋大小适中，品质优良，蛋黄比例达30%以上，鸡蛋清中浓蛋白比例较高，蛋白浓厚。肉质风味良好。

夷陵牛

夷陵牛（Yiling Cattle），属肉役兼用型。

一、一般情况

（一）中心产区及分布

夷陵牛的中心产区主要在湖北省宜昌市地区（古称夷陵），主要存在于西陵峡以下、古荆州以上的狭小地带，因其特殊的地理位置，最初夷陵牛仅存在于夷陵区三斗坪黄牛山的高山密林中，后因役用性能突出，被远古先民们发现并进行了驯化使用，先后在黄牛山附近地区用于治水、耕作，夷陵牛较高的耕作效率在那个生产力落后的时代迅速得到劳动人民的重视，分布范围也扩大到香溪河沿岸，特别是秭归县屈原故里附近。夷陵牛现主要分布在秭归县、五峰土家族自治县、长阳土家族自治县、夷陵区和枝江市。

（二）产区自然生态条件

产区地处长江上游与中游的交界处，地跨北纬29°56′~31°34′、东经110°15′~112°04′，地貌类型复杂多样，有"七山一水二分田"之称，海拔35~2 427m，高低相差悬殊。产区属亚热带季风性湿润气候，四季分明，水热同季，寒旱同季，极端温度差值明显。年平均气温16.9℃，极端最高温度41.4℃（7月），极端最低温度－9.8℃（1月），无霜期250~300d。年均降水量1 215.6mm，雨季多集中在5—9月，降水量占全年的50%左右，降雪主要集中在12月至次年1月。农作物主要有花生、油菜、棉花、芝麻和瓜果等。

二、品种来源与变化

（一）品种形成

宜昌自古以来农业生产水平不高、交通闭塞，不具备大批量引进外地家畜的条件，故而没有引入其他品种对其杂交改良。同时，宜昌地区夷陵牛在当地长期以放牧或半放牧方式自繁自养，形成了四肢健壮，善爬坡，耐粗饲，适应水、旱劳役和当地自然生态环境条件等特点，逐步由西陵峡两岸扩散开来，成为古夷陵地区的唯一牛种并大量应用，在长期生产实践中，宜昌人民从始至终选择适合本地地形地貌特点、符合本地社会经济条件、满足本地生产生活迫切需求的夷陵牛作为主要役力而使用。

（二）群体数量及变化情况

经湖北省宜昌市畜牧兽医局资源调查，夷陵牛现阶段共存栏11 277头，其中，母牛6 787头，公牛4 490头。夷陵牛资源调查明细见表1。

表1　夷陵牛资源调查明细

市县区	总头数（头）	母牛（头）	公牛（头）
宜都市	521	367	154
枝江市	567	454	113
当阳市	485	363	122
远安县	321	193	128
兴山县	356	180	176
秭归县	1 808	1 097	711
长阳县	2 024	1 305	719
五峰县	1 867	897	970
夷陵区	3 328	1 931	1 397
合计	11 277	6 787	4 490

三、品种特征和性能

（一）体型外貌特征

夷陵牛体型中等，外貌基本一致，毛色以棕黄色、板栗色、黑色为主，公母牛均有角，主要特征为"两黑一笋"，即眼圈黑、鼻镜黑、笋角；头清秀且稍长，腰背平直，腹部圆大，尻下斜，尾帚大过飞节；公牛头颈粗短，肩峰较高；母牛头颈细长，肩峰较小。

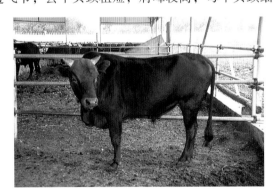
夷陵牛公牛

夷陵牛母牛

（二）生产性能

1. 产肉性能　对完全来自于放牧或者役用的牛群进行测定，屠宰前未经肥育，且膘情中等偏下、皮薄骨细、失水率低、产肉率较高的成年牛体重可达350~400kg，平均屠宰率为47.1%，屠宰后净肉率为38.9%，胴体产肉率为82.5%，骨肉比为1∶4.75。屠宰测定数据见表2。

2. 乳用性能　夷陵牛在乳用性能方面虽未经系统选育，其产乳性能仍比较好。夷陵牛泌乳期一般为7~8个月，泌乳期产乳量一般为600~800kg。

3. 役用性能　夷陵牛主要用于犁田，集中于每年春秋两季，全年使役时间约100d，每日耕地面积则依土壤性质、板结度、耕作项目、天气条件而定，一般体质的牛可耕田2 000m²/d，平均耕地300m²/h。

表2　夷陵牛屠宰测定数据

序号	性别	年龄（岁）	宰前测定						屠宰测定			
			测重			胴体重						
			胸围（cm）	体长（cm）	称重（kg）	总重（kg）	骨重（kg）	净肉重（kg）	屠宰率（%）	净肉率（%）	胴体产肉率（%）	骨肉比
1	公	3	178	133	370	179	34	145	48.4	39.2	81.0	1:4.26
2	公	3	178	135	350	163	29	134	46.6	38.3	82.2	1:4.62
3	公	2.5	174	126	360	170	31	139	47.2	38.6	81.8	1:4.48
4	公	2.5	175	134	365	172	31	141	47.1	38.6	82.0	1:4.55
5	母	3	173	120	320	153.5	24	129.5	48.0	40.5	84.4	1:5.40
6	母	2.5	161	116	240	112	19	93	46.7	38.8	83.0	1:4.89
7	母	2.5	156	113	263.5	121	20	101	45.9	38.3	83.5	1:5.05
平均值		2.71	170.71	125.29	324.07	152.93	26.86	126.07	47.1	38.9	82.5	1:4.75

4. 繁殖性能　夷陵牛公牛18～24月龄性成熟，母牛12～18月龄性成熟，20月龄可以初配。母牛性情温驯，常年发情，发情持续期2～3d，发情周期平均21d，妊娠期280～288d，哺乳性能较好。夷陵牛犊牛平均初生重为15.0kg，犊牛成活率一般在95%以上。

四、品种保护与研究利用

由于夷陵牛大都处于散养状态，规模化程度不高，千家万户的分散养殖模式占主要地位，加之夷陵牛饲养业得不到应有的重视，科技普及力度不够，绝大多数牛仍然还是采用原始的自然选育方式。经过近一年的努力，已登记基础母牛1 200头，种公牛40头，在枝江市和夷陵区建立了存栏413头的繁育核心群，其中，枝江市湖北丰联佳沃农业开发有限公司存栏基础母牛200头，种公牛6头，夷陵区宜昌百里荒牧业有限公司存栏基础母牛200头，种公牛7头。

深县猪

一、一般情况

（一）中心产区和分布

深县猪（Shenxian Pig）的中心产区为河北省的黑龙港流域。以衡水、深县、武强、饶阳、安平、赵县、辛集（束鹿）、晋州、藁城、宁晋、新河等地分布最多。

（二）产区自然生态条件

中心产区地处北纬36°03′~38°44′、东经114°20′~117°48′。黑龙港地区位于河北省东部低洼的平原区，海拔多为20~50m。中心产区年平均气温12.7~13.3℃，最高气温40℃以上，最低气温-20℃，无霜期119~220d，年平均日照时数为2 700~2 800h。年平均降水量400~500mm，雨季雨量集中，7、8月的降水量约占全年降水量的60%，冬季降雨量只占2%。处于季风气候区，夏季主要受太平洋副热带暖风气流的影响，多东南风，冬季则被西伯利亚冷气流控制，多西北风。农作物以小麦、玉米、高粱、谷子、豆类为主，花生、甘薯等为辅。

二、品种来源与变化

（一）品种形成

据考古学家的发掘考证，河北省邯郸市武安县磁山文化遗址中的猪骨骸已肯定属于家畜，证明黑龙港流域先民们7 000多年前已经开始养猪了。在邯郸涧沟龙山文化时期（距今5 000年左右）在一个大型废坑中发现21头猪骨骸，说明当时养猪数量已相当多了。在邯郸故城还发现战国时期的瓦猪，说明当时畜牧业已经较发达。这些都充分表明深县猪确是河北平原地带一个古老的猪种。近代产区特别是辛集市（束鹿县）、深县、宁晋、饶阳一带相继出现了一些母猪繁殖专业村，以选养母猪，繁殖出售仔猪于外地，主要销往河北中北部、山西、山东、河南、吉林、辽宁、北京等地。由于繁殖仔猪已成专业，因而对于母猪的产仔数、护仔力和泌乳力等选择和培育极为重视。深县猪即被培育成产仔性能优异的品种。

（二）群体数量及变化情况

据2009—2011年调查统计，中心产区约有深县猪3 900头，能繁母猪300头，其中深县猪保种场——辛集市正农牧业有限公司存栏能繁母猪220头，公猪28头（10个血统）。

三、品种特征及性能

（一）体型外貌特征

1. 外貌特征 深县猪被毛黑色，鬃毛发达，长7~8cm，体躯窄而深，前躯发育良好，后躯略差；背腰部、臀部及四肢部皮肤有皱褶；腹部膨满，乳头8~9对；四肢较短、粗壮有力，尾端有长毛一簇，尾根较粗。深县猪分五花头、黄瓜嘴两大类群。五花头耳大下垂，前额有较深菱形皱纹。黄瓜嘴嘴桶长直，额上皱纹较浅。

深县猪公猪

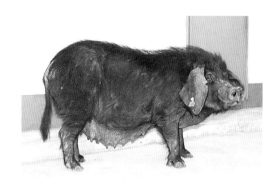

深县猪母猪

2. 体重和体尺 据测定，不同阶段的深县猪体重和体尺见表1。

表1 深县猪体重和体尺测定

阶段	头数	体重（kg）	体长（cm）	体高（cm）	胸围（cm）	管围（cm）
初生	50	0.94±0.02	23.90±0.24	23.90±0.20	15.43±0.16	5.45±0.08
20日龄	30	4.62±0.10	39.33±0.26	24.13±0.26	36.45±0.30	7.78±0.07
30日龄	30	5.57±0.08	41.92±0.33	26.75±0.22	39.09±0.28	8.62±0.06
60日龄	30	14.23±0.31	57.13±0.54	33.55±0.39	53.63±0.52	11.18±0.12
90日龄	30	28.59±0.49	65.47±0.53	37.73±0.32	59.27±0.63	11.30±0.08
4月龄	30	39.00±0.53	75.00±0.75	47.17±0.14	69.83±1.09	11.92±0.19
5月龄	30	49.33±0.95	98.75±0.83	59.41±0.54	91.58±1.48	15.88±0.27
6月龄	30	55.00±0.84	103.40±0.60	58.20±0.49	96.80±1.15	15.00±0.22
8月龄	30	86.54±1.09	112.25±1.02	62.00±0.32	109.00±0.95	20.00±0.41

注：测定时间：2014年10月。测定地点：河北省辛集市正农牧业有限公司。

（二）生产性能

1. 屠宰和肉质性能 经对100kg左右深县猪进行屠宰，测定方法主要根据《畜禽生产学实验教程》的有关要求进行，测定结果见表2。

表 2　深县猪屠宰和肉质性能测定结果

项　目	测定结果
屠宰头数（头）	20
宰前活重（kg）	101.95 ± 9.99
屠宰率（%）	71.83 ± 1.70
平均背膘厚（cm）	3.31 ± 0.27
眼肌面积（cm^2）	30.96 ± 10.45
胴体直长（cm）	94.97 ± 3.56
胴体斜长（cm）	80.32 ± 2.77
肌肉水分含量（%）	69.62 ± 2.29
肌肉粗蛋白质含量（%）	21.81 ± 1.80
肌内脂肪含量（%）	11.20 ± 3.81
肉色（Opto 值）	88.39 ± 3.40
肌肉 pH_1	6.13 ± 0.32
肌肉 pH_{24}	5.55 ± 0.22
滴水损失（%）	3.73 ± 1.48
肌肉嫩度（N）	47.34 ± 5.77
蒸煮损失（%）	34.75 ± 4.14

注：屠宰时间：2016 年 3 月；屠宰地点：河北辛集市正农牧业有限公司。肉色测定所用仪器为德国 Matthaus 肉色测定仪 Opto - Star，Opto 值参考标准：Opto≥63 为优；53 ≤ Opto < 63 为良；OptO ≤ 53 为差。肌肉 pH 测定仪器为德国 Matthaus 胴体肌肉 pH 直测仪 Ph - Star。

2. 繁殖性能　深县猪乳头多在 8 对以上。产仔较多，经产母猪窝产仔 12 ~ 14 头，最高窝产仔数达 28 头。仔猪初生重 0.5 ~ 1.0kg，30d 泌乳力初产母猪 40 ~ 50kg，经产母猪 50 ~ 60kg（摘自《河北省畜牧志》，1993 年）。据 2014 年辛集市正农牧业有限公司测定，深县猪经产母猪平均窝产仔猪 12.45 头。性成熟日龄母猪 114.75d，公猪 142.16d（表 3 至表 5）。

表 3　深县猪繁殖性能分析

统计窝数	胎次	窝产仔数（头）	窝产活仔数（头）	初生个体重（kg）	28d 断奶个体重（kg）
30	1 胎	10.23 ± 0.73	10.01 ± 0.36	0.94 ± 0.24	5.57 ± 1.44
138	2 胎及以上	12.45 ± 1.51	12.13 ± 0.71	0.97 ± 0.31	6.12 ± 1.37

表 4　深县猪性成熟日龄

统计个体数	性别	性成熟日龄（d）
112	公	142.16 ± 0.51
157	母	114.75 ± 0.43

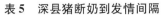

表 5 深县猪断奶到发情间隔

胎次	统计个体数	断奶到发情间隔（d）
1	30	5.60±0.36
2 胎及以上	53	5.00±0.21

3. 育肥性能 2016 年，河北农业大学对深县猪育肥性能进行了测定，测定结果见表 6。

表 6 深县猪育肥性能

测定头数	始重（kg）	末重（kg）	日增重（g）	料重比
54	69.28±3.36	99.67±5.86	490.14±5.10	4.93±1.00

四、品种保护与研究利用

2011—2014 年，石家庄市畜牧技术推广站联合河北农业大学共同承担了石家庄市科技局项目"深县猪的选育与研究"；2015 年，河北省科技厅设专门项目用于深县猪的保种与选育；河北省畜牧兽医局专门组织科技力量开展深县猪的保种与选育，制订了详细的保种与选育方案，目前正有条不紊地以辛集市正农牧业有限公司为保种场和选育场开展深县猪的品种保护与研究利用工作。

五、品种评价

深县猪是河北黑龙港区域的农民通过长期的生产实践培育而成的一个地方优良品种。它的最大优点是对当地的农业生态条件有很强的适应性，且遗传性能稳定、肉质优、母性好、繁殖力强、耐粗饲、抗寒耐热、耐近交、抗逆性强。其缺点是生长周期长、整齐度不高、繁殖性能相比过去有所下降。今后工作重点是扩大群体规模，保种选育。选育方向为提高深县猪选育群的整齐度、繁殖性能，改良深县猪的体型，培育出更加适应消费者需求的深县猪新品系。

宁蒗高原鸡

宁蒗高原鸡（Ninglang Plateau Chicken），又名拉伯高脚鸡，属肉蛋兼用型品种。

一、一般情况

（一）中心产区及分布

宁蒗高原鸡原产地为云南省宁蒗彝族自治县，中心产区为拉伯乡，全县 15 个乡镇均有分布，主要集中于拉伯乡与永宁乡，红桥、翠玉、大兴等乡镇。

（二）产区自然生态条件

宁蒗彝族自治县位于北纬 26°36′~27°56′、东经 100°22′~101°15′，地处滇西北横断山脉中段东侧，为滇、川、藏三省（自治区）交界处和青藏高原与云贵高原结合部。东、北面与四川省凉山彝族自治州的盐源、木里和攀枝花市的盐边三县接壤，西以金沙江为界，与丽江市的玉龙纳西族自治县隔江相望，南面与丽江市的永胜、华坪两县毗邻。全县年平均日照 2 321h，年平均气温 12.7℃，年平均降水量 918mm，霜期 150~170d，相对湿度为 69%，属低纬度高原气候类型。

宁蒗彝族自治县全县总面积 6 025km²，山地面积占 98.39%，其中高于海拔 2 500m 的高寒层面积占全县总面积的 82.30%，属于云南省典型的高寒山区县。宁蒗高原鸡主产区拉伯乡地处宁蒗彝族自治县最北端的江边干热河谷地带。境内河谷交错，山高谷深，群山连绵，平均海拔 2 290m。产区人口居住分散，人均耕地面积少，但耕地复种指数高，水源丰富，粮食产量高，主产小麦、玉米、稻谷、青稞和荞麦。

二、品种来源与变化

（一）品种形成

宁蒗高原鸡是当地各民族长期饲养的鸡种，历史悠久。中心产区地理位置偏僻，山高谷深，江河纵横，交通极为不便，与外界形成天然隔离屏障。产区植被茂密，天然动植物资源丰富，适合宁蒗高原鸡山间放养觅食。因此，宁蒗高原鸡是经过长期自然选择和人工选择，逐渐形成的体型高大、行动敏捷的地方品种。

（二）群体数量及变化情况

1990 年宁蒗高原鸡饲养量约为 16 万只，2000 年约为 15 万只，2014 年约为 15 万只，2016 年约为 17 万只，2017 年约为 17.3 万只，2019 年约为 23 万只。

三、品种特征和性能

（一）体型外貌特征

1. 外貌特征　宁蒗高原鸡体型较大，腿粗胫长，头颈高昂，尾翘立，体躯较长，结构紧凑。公鸡高大结实，腿部肌肉发达，母鸡后躯发育良好，呈前细后粗的圆锥形。鸡冠以单冠为主，有少数玫瑰冠等复冠，冠齿6~10个。鸡冠、肉髯、耳叶均呈红色，虹彩呈褐黄色。胫呈黑褐色，个别有胫羽。喙青色，皮肤白色。

羽型主要为片羽，少数为丝羽（松毛鸡）。公鸡羽色主要有褐红、青花两种，两者尾羽均为黑色带金属光泽，也有少量纯白、纯黑公鸡。母鸡羽色以麻羽和青花居多，少数为纯白、纯黑、瓦灰羽。

宁蒗高原鸡公鸡

宁蒗高原鸡母鸡

2. 体重和体尺　2014年12月，由丽江市宁蒗彝族自治县畜牧兽医局在中心产区拉伯乡选择农户正常饲养条件下的300日龄公、母各30只，分别进行体重和体尺测量，结果见表1。

表1　宁蒗高原鸡体重和体尺

性别	体重（g）	体斜长（cm）	胸宽（cm）	胸深（cm）	胸角（°）	龙骨长（cm）	骨盆宽（cm）	胫长（cm）	胫围（cm）
公	2 689.6±463.6	26.8±1.4	8.7±0.7	13.9±0.6	79.4±6.3	13.8±0.8	6.7±0.4	12.9±1.2	5.8±0.6
母	2 280.7±286.3	24.9±1.5	8.4±0.7	13.3±0.7	79.6±4.1	13.0±0.9	7.1±0.9	10.8±0.9	4.6±0.4

2015年10月至2016年12月，红桥宁蒗高原鸡扩繁场测定了100只公鸡、200只母鸡生长期体重，结果见表2。

表2　宁蒗高原鸡生长期不同阶段体重

单位：g

性别	初生重	1周龄	4周龄	8周龄	12周龄	16周龄	20周龄	24周龄
公	35.5±3.1	70.5±6.2	299±26	805±78	981±87	1 672±137	2 186±179	2 739±209
母			264±23	733±73	864±84	1 288±175	1 933±215	2 219±181

（二）生产性能

1. 屠宰性能　2014年12月，由丽江市宁蒗彝族自治县畜牧兽医局在中心产区拉伯乡选择农户正常饲养条件下的 300 日龄公、母各 30 只进行屠宰性能测定，结果见表 3。

表 3 宁蒗高原鸡屠宰性能

性别	宰前活重（g）	屠体重（g）	屠宰率（%）	半净膛率（%）	全净膛率（%）	腿肌率（%）	胸肌率（%）	腹脂率（%）	瘦肉率（%）
公	2 680.2 ±468.2	2 425.8 ±437.3	90.5 ±1.0	86.4 ±1.9	75.7 ±1.4	26.0 ±1.4	12.7 ±1.2	—	38.7 ±1.8
母	2 280.7 ±286.3	2 103.3 ±279.7	92.2 ±2.1	73.9 ±3.1	71.3 ±3.7	21.4 ±2.2	16.1 ±2.6	6.7 ±0.1	37.5 ±3.9

2014 年 12 月，由云南省动物营养与饲料重点实验室对宁蒗彝族自治县畜牧兽医局提供的 30 份宁蒗高原鸡胸肌样品（公鸡 15 份、母鸡 15 份）进行检测，结果见表 4。

表 4 宁蒗高原鸡肌肉主要成分

性别	水分（%）	干物质（%）	粗蛋白质（%）	粗脂肪（%）	粗灰分（%）
公	74.6 ±1.8	25.4 ±1.8	22.1 ±1.7	2.1 ±0.6	1.2 ±0.1
母	73.5 ±12.7	26.5 ±4.5	22.2 ±3.8	3.2 ±0.9	1.2 ±0.2

2. 蛋品质　2014 年 12 月，由云南省家畜改良工作站、宁蒗彝族自治县畜牧兽医局选择农户正常饲养条件下的 42 周龄鸡所产鸡蛋 34 枚进行测定，结果见表 5。

表 5 宁蒗高原鸡蛋品质量

平均蛋重（g）	蛋型指数	蛋壳厚度（mm）	蛋黄色泽（级）	哈氏单位	蛋黄重（g）	蛋黄比（%）
59.7 ±4.5	1.37 ±0.15	0.32 ±0.02	11.77 ±0.90	79.38 ±7.48	19.52 ±2.84	32.7 ±2.8

3. 繁殖性能　根据 2014 年对拉伯乡格瓦村农户饲养的 260 只成年母鸡产蛋情况调查统计，宁蒗高原鸡平均 195 日龄开产，年产蛋数 120 个左右，平均蛋重 57g，蛋壳为浅褐色。根据宁蒗彝族自治县红桥宁蒗高原鸡扩繁场 2014 年和 2015 年孵化统计，种蛋受精率为 90.1%，受精蛋孵化率为 85.2%。母鸡就巢性较强，年就巢 3～4 次，就巢率约为 86%。

四、品种保护与研究利用

2012 年，在畜牧科技部门的支持下，拉伯乡成立了宁蒗高原鸡专业养殖合作社，社员 248 户，开展宁蒗高原鸡的遗传资源保护与开发利用。现有规模养殖户 8 户，存栏宁蒗高原鸡 8 000 余只，建立了红桥宁蒗高原鸡保种场，保种规模 10 160 只，其中，公鸡 1 150 只、母鸡 9 010 只。将拉伯乡格瓦村委会划定为宁蒗高原鸡核心保护区，制定村规民约限制外来鸡种在本地饲养繁殖。

五、品种评价

宁蒗高原鸡体型高大，产肉性能优良，肉质细嫩、营养丰富、风味独特，并且具有抗逆性强、耐粗饲、适应高海拔气候等优良特性。缺点是该品种尚未经过系统选育，早期生长发育较慢，产蛋少，繁殖力低。

宁蒗高原鸡推广应用的范围主要在云南省宁蒗彝族自治县及周边高寒山区养殖区域。今后应加强本品种选育，建立宁蒗高原鸡核心群保种场，完善良种繁育体系，提高其生产性能和群体整齐度，实现资源保护和开发利用有机结合，将宁蒗高原鸡培育成我国肉蛋兼用型优良高产品种。

于田麻鸭

于田麻鸭（Yutian Partridge Duck）属蛋肉兼用型鸭种，地方优良品种资源，2009 年于田麻鸭被列入新疆维吾尔自治区畜禽遗传资源名录。

一、一般情况

（一）中心产区及分布

于田麻鸭原产于和田地区于田县灌溉区湿地，中心产区在于田县木尕拉镇、加依乡、科克亚乡、斯也克乡、先拜巴扎镇、英巴格乡、英巴格乡、达里雅布依乡 8 个乡镇。近年来，策勒县、洛浦县、和田县、墨玉县也具备了一定的于田麻鸭养殖规模。

（二）产区自然生态条件

于田麻鸭产区位于北纬 35°14′～39°29′、东经 81°9′～82°51′，地处新疆维吾尔自治区西南部，南依昆仑山，北连塔里木盆地，东邻民丰县，西接策勒县，克里雅河自南向北纵贯全境。产区光照充足，年平均气温为 11.6℃，年平均日照 2 769h，属暖温带内陆干旱荒漠气候。产区盛产小麦、玉米、水稻、棉花、葵花、小茴香，以及各类瓜果。产区可利用水资源丰富，为于田麻鸭养殖提供了得天独厚的优良环境。

二、品种来源与变化

（一）品种形成

据《魏书·西域列传》《新疆回部志》记载及考古研究发现，早在魏、唐时期，塔里木盆地农业区已较普遍地饲养鸡、鸭。于田县地处克里雅可河下游，水域充足、水生植物繁多，是候鸟迁徙的必经之路，适合放牧鸭群。据记载，20 世纪 60 年代，在于田县博斯坦稻田湿地有麻鸭养殖者经过不断地人工选育，形成了蛋肉生产性能良好的麻鸭群体。

（二）群体数量及变化情况

2015 年，于田县麻鸭保种场核心群数量达 5 100 余只，其中，公鸭 480 只、母鸭 4 620 余只。截至 2015 年 10 月，全县麻鸭存栏量超过 72 000 多只。

三、品种特征和性能

（一）体型外貌特征

1. 外貌特征　于田麻鸭个头中等，颈修长，胸较浅，躯干呈长方形，形似龙舟。

公鸭头部至颈中部呈黑绿色，并带光泽；颈中部有白色颈环；躯体为灰褐色，其中，颈下部、胸部呈灰麻或灰色，腹部呈浅灰麻或白色，背部、翅膀表面呈灰麻色，臀部呈浅灰麻或白色，尾部呈黑色。展开翅膀，外侧灰羽和白羽相间，内侧为白羽，喙、胫、爪、蹼均呈黄色。

母鸭全身羽毛为浅麻或深麻色，颈下部、胸部呈浅褐麻或深褐麻，腹部呈褐麻或白麻，背部、翅膀表面呈褐麻，臀部呈浅褐色或白色，尾部呈深褐麻。展开翅膀，外侧褐羽、白羽和灰蓝羽相间，内侧为白羽，喙、胫、爪、蹼均呈黄色。

于田麻鸭公鸭

于田麻鸭母鸭

2. 体重和体尺　2015年8月由于田县动物疾病控制与诊断中心对420日龄43只（母鸭30只、公鸭13只）于田麻鸭进行体尺、体重测定，结果见表1。

表1　于田麻鸭成年鸭体重和体尺

性别	体重（g）	体斜长（cm）	胸宽（cm）	胸深（cm）	龙骨长（cm）	骨盆宽（cm）	胫长（cm）	胫围（cm）	半潜水长（cm）
公	1 636±103.76	22.38±0.82	8.74±0.34	8.12±0.28	12.15±0.38	5.43±0.39	7.33±0.44	3.98±0.17	54.72±1.46
母	1 641±150.54	21.27±1.39	8.63±1.05	8.79±0.80	11.87±0.52	5.72±0.66	6.95±0.49	3.82±0.26	50.30±2.20

（二）生产性能

1. 产蛋性能　于田麻鸭的开产日龄为180~220d，年产蛋量150~170枚，开产蛋重57g，平均蛋重73g，于田麻鸭蛋品质见表2。

表2　于田麻鸭蛋品质

蛋重（g）	蛋形指数	蛋壳厚度（mm）	蛋壳色泽	蛋比重	蛋黄比率（%）
72.85±6.67	1.45±0.08	0.32±0.01	白色、淡绿	1.08±0.001	37.13±0.70

2. 产肉性能　于田麻鸭产肉性能见表3。

表3　于田麻鸭屠宰测定结果

性别	宰前活重 (g)	屠体重 (g)	半净膛重 (g)	全净膛重 (g)	腹脂重 (g)	腿肌重 (g)	胸肌重 (g)	皮脂重 (g)
公	1 636 ± 100.96	1 394 ± 80.48	1 264 ± 70.56	1 129 ± 72.17	11.8 ± 4.59	143.4 ± 16.40	141 ± 25.53	12.08 ± 4.15
母	1 641 ± 133.74	1 416 ± 125.87	1 291 ± 125.97	1 165 ± 233.40	30.2 ± 12.11	119 ± 18.14	118.7 ± 20.94	20 ± 11.68

注：2015 年 8 月于田县动物疾病控制与诊断中心测定 420 日龄公鸭 13 只、母鸭 30 只。

3. 繁殖性能　因农民饲养于田麻鸭冬季不供暖、圈舍保温性能差，因此冬季休产。秋季换羽期间也很少产蛋，因此有明显"冬歇性"。此外，麻鸭因胆小，怕人为干扰，很少就巢抱窝，即使有抱窝，时间也很难达到 28d，所以人工饲养的麻鸭很难实现自己孵化的过程。

在于田麻鸭保种场，按照标准选育种鸭，通过提纯复壮建立核心群，合理搭配饲料，定时到水塘放养，天冷入圈，因此秋季换羽后产蛋率在 20%～35%，开春后比农户饲养的于田麻鸭提前 10～15d 产蛋。以 1∶10 的公母配比进行自然交配，种蛋受精率可达到 90% 以上，受精蛋孵化率可达到 87% 以上，鸭苗成活率可达到 95% 以上。

四、品种保护与研究利用

（一）保种方式

目前已建立于田麻鸭保种场，核心群数量达 5 100 余只，其中，公鸭 480 只，母鸭 4 620 余只。

（二）选育利用

2011 年制定了《2011—2016 年于田麻鸭养殖业发展规划》，成立麻鸭养殖合作组织 1 个，建成 3 个标准化于田麻鸭养殖小区，培育 120 户科技示范养殖户，规模麻鸭养殖小区和养殖大户饲养量占总饲养量的 45% 以上。于田麻鸭既适合于农户散养，又适宜规模化集约饲养，其开发利用前景广阔。

五、品种评价

于田麻鸭是新疆唯一一个蛋肉兼用型地方优良鸭种，其肉质鲜美、香味浓郁，脂肪含量少、口感细嫩、肉与蛋营养丰富，是可放心食用的绿色食品。但该鸭种生长速度稍慢，饲养周期长，今后应加强品系选育，提高其早期生长速度。同时，利用于田麻鸭的耐粗、抗逆、善吃草、勤觅食的优势，进一步加强选育，可把于田麻鸭培育成以放牧为主的节粮型鸭种，适合贫困地区农户饲养，为贫困地区脱贫致富改善民生提供新渠道。

欧拉羊

欧拉羊（Eulers Sheep）是甘南藏族自治州草地型藏羊中以产肉为主、肉皮毛兼用的一个地方类型，中心产区欧拉乡的欧拉山得名。

一、一般情况

（一）中心产区及分布

欧拉羊中心产区位于甘肃省甘南藏族自治州玛曲县的欧拉、欧拉秀玛、尼玛、木西合等四乡，在甘南州境内的卓尼、夏河、碌曲、合作等县（市）也有饲养。

（二）产区自然生态条件

欧拉羊中心产区甘肃省甘南州玛曲县欧拉和欧拉秀玛两乡，海拔 3 400～4 800m，高寒阴湿，气候恶劣，四季不分明，冬春长而寒冷，夏秋短而凉爽，昼夜温差大。年平均气温 0.5～1.1℃，年平均降水量 615.5mm，相对湿度 40%～80%，无绝对无霜期。产区内主要为高山草甸草场、亚高山灌丛草甸草场和高山草甸草场，黄河沿岸的平阔滩地呈山塬状态，地表起伏不大，是优良的天然牧场。牧草每年于 4 月下旬萌发，5 月下旬返青，生长期 5 个月。

二、品种来源与变化

（一）品种形成

藏系绵羊是由古羌人驯化培育而流传下来的，是我国最古老的羊种。根据国内外专家研究，认为我国绵羊的野生祖先首推羱羊及其若干亚种。羱羊又称盘羊，至今尚存在我国西北边疆地区，尤其在青藏高原常有捕获，具有短瘦尾特征，这与今天的藏系绵羊短瘦尾特征是一致的。古羌人驯化了古羱羊，创造了能生产动物蛋白质而又适合他们经济状况的草食家畜短瘦尾古羌羊。甘肃甘南州等地分布的藏羊主要为草地型，据其特性、外貌特征、生产性能以及分布地区又可分为欧拉型、乔科型和甘加型三个亚型。据传说，欧拉羊是在元朝时期野生盘羊（大头弯羊）于玛曲县欧拉乡（以前的欧拉部落）的欧拉山与本地藏羊交配的后代，当地人以"欧拉山"将其命名为欧拉羊，启用历史悠久。1981 年，由甘南藏羊品种评定委员会鉴定评议后，被正式命名为"欧拉羊"。在《甘肃省畜禽品种志》（甘肃人民出版社，1986 年 3 月第 1 版）中正式启用"欧拉羊"品种名称。

（二）群体数量及变化情况

经资源普查，甘肃省甘南州玛曲县欧拉羊中心产区四乡 2016 年存栏欧拉羊 22.65 万只，其中，

欧拉、欧拉秀玛两乡共有欧拉羊9.74万只，适龄母羊约5.74万只，繁殖种公羊1 500余只，核心群能繁母羊1.35万只。欧拉羊在甘南州的卓尼、夏河、碌曲、合作等县（市）均有饲养，2016年存栏数量为54.64万只，是当地牧民重要的生产、生活资料和经济来源。

根据对欧拉羊主产区绵羊存栏数的统计发现，欧拉羊的存栏数量呈逐年上涨的趋势。据《甘南统计年鉴》资料记载，1996年欧拉羊主产区玛曲县的欧拉、欧拉秀玛、尼玛、木西合乡欧拉羊的年末存栏数为13.97万只，到2000年为14.22万只，2007年为18.08万只，2010年增加到23.43万只，2011年以来为了实现草畜平衡，甘南州加大了羊只出栏，2016年欧拉羊存栏有所减少，降为22.64万只。

三、品种特征和性能

（一）体型外貌特征

1. 外貌特征 欧拉羊体格高大，体质结实，四肢端正较长，身体似长方形，背腰较宽平，胸深，后躯发育好，十字部略高于体高，具有明显的肉羊体型特征。头大而狭长，成年羊额宽与头长为1∶1.72，鼻梁高隆，眼廓微突，耳大下垂，多数具有肉髯。公羊枕骨多有隆突，前胸着生黄褐色"胸毛"，浓密而长，而母羊不明显。体躯被毛短粗以白色绒毛为主，无毛辫，干死毛含量高。头、颈、四肢和腹下着生黄褐色刺毛，臀端被毛为黄褐色，呈圆形，纯白羊极少。据1 308只羊统计，纯白色占0.84%，体白占6.57%，体黄褐占73.17%，体黑（含花、黑、沙）占19.42%。公羊角长而粗壮，呈螺旋状向左右平伸或稍向前，角尖向外，角尖距离较大，角楞呈方形，粗壮，角基向前向下延伸；母羊角宽扁而厚实，多呈倒"八"字螺旋形。据1 308只羊统计，有角者占总数91.48%，无角占总数8.42%，公羊有角比例比母羊高5.48%。尾短小而瘦，呈扁锥形。

欧拉羊公羊

欧拉羊母羊

2. 体重和体尺 成年公羊平均体重80.42kg、体高80.92cm、体长88.8cm、胸围113.2cm、胸深47.97cm、胸宽29.4cm、十字部高83.04cm、管围9.33cm；成年母羊平均体重64.2kg、体高74.15cm、体长81.99cm、胸围104.23cm、胸深44.85cm、胸宽26.69cm、十字部高76.04cm、管围9.85cm。不同年龄阶段欧拉羊体尺、体重测定结果见表1、表2。

表1 欧拉羊成年羊体尺测定结果

性别	年龄	测定头数（头）	体长（cm）	体高（cm）	胸围（cm）	胸深（cm）	胸宽（cm）	十字部高（cm）	管围（cm）
公	成年	20	88.80±7.15	80.92±7.75	113.21±8.83	47.97±6.19	29.4±4.73	83.04±2.05	9.33±0.15
母	成年	80	81.99±5.68	74.15±4.44	104.23±11.97	44.85±3.09	26.69±2.73	76.04±2.08	9.85±0.62

表2　欧拉羊不同年龄阶段体重测定结果

性别	初生重		6月龄		12月龄		成年	
	数量	体重（kg）	数量	体重（kg）	数量	体重（kg）	数量	体重（kg）
公	40	4.28±0.58	58	31.71±3.25	54	47.97±4.36	20	80.42±7.08
母	50	4.27±0.53	62	34.43±5.61	61	44.85±5.77	80	64.2±16.4

（二）生产性能

1. 屠宰和肉质性能　欧拉羊是甘南州藏系绵羊中产肉性能最好的羊种，素以个体高大、自然放牧抓膘性能好、肌肉丰满产肉量高而著称。成年羊的屠宰率为50.18%（包含内脂）。屠宰性能见表3至表5。欧拉羊内脏中心肺大，发育好，这反映了高寒缺氧环境中畜种的特征，同时说明欧拉羊对缺氧的严酷环境，具有很好的适应能力。

表3　成年欧拉羊屠宰测定统计

屠宰数量	性别	宰前活重（kg）	胴体重（kg）		内脏脂肪（kg）		屠宰率（%）
			重量（kg）	占活重（%）	重量（kg）	占活重（%）	
6	羯羊	76.55	35.18	45.96	3.38	4.42	50.37
6	母	70.42	30.01	42.62	3.31	4.70	47.44

表4　欧拉羊内脏重统计

测定数量	性别	肝脏（kg）	肺脏（kg）	心脏（kg）	肾脏（kg）	脾脏（kg）	头重（kg）	四蹄重（kg）	花油重（kg）
12	羯羊	1.02	0.69	0.52	0.21	0.16	4.11	1.12	0.66
15	母	0.99	0.66	0.42	0.19	0.14	3.25	0.85	0.65

表5　欧拉羊内脏重量及长度统计

测定数量	性别	胃重（带内容物）（kg）	胃净重（kg）	大肠			小肠		
				大肠及内容物重（kg）	大肠净重（kg）	长度（cm）	小肠及内容物重（kg）	小肠净重（kg）	长度（cm）
12	羯羊	15.01	1.91	2.12	0.89	959	1.72	0.94	3898
15	母	13.28	1.92	1.81	0.76	948	1.56	0.71	3255

对玛曲县自然放牧欧拉羊成年羯羊6只，进行屠宰测定。平均胴体（39.1±4.72）kg，对分割肉重及其占胴体肉百分比如下：后腿肉12.96kg，占33.16%；腰肉5.96kg，占15.25%；肋肉5.47kg，占14%；肩胛肉10.62kg，占27.16%；胸下肉1.80kg，占4.6%；颈项肉2.24kg，占5.72%；尾肉0.05kg，占0.13%。

胴体切块分割中，后腿和肩胛肉最多，其次为腰肉和肋肉、胸下肉和颈项肉。而尾肉仅0.05kg，占胴体0.13%，属短瘦尾羊。

肉品质测定结果见表6。

表6　肉品质检测结果

检测项目参数（g，以100g计）		实际检验值	检验方法
	蛋白质	20.1	GB 5009.5—2010
	脂肪	3.46	GB/T 5009.6—2003
	水分	73.2	GB 5009.3—2010
	灰分	1.0	GB 5009.4—2010
	磷	247	GB/T 5009.87—2003
	锌	1.88	GB/T 5009.14—2003
	铁	1.56	GB/T 5009.90—2003
	钙	3.22	GB/T 5009.92—2003
	天门冬氨酸	1.62	
	苏氨酸	0.94	
	丝氨酸	0.81	
	谷氨酸	2.49	
	脯氨酸	0.52	
	甘氨酸	0.80	
	丙氨酸	0.97	
	缬氨酸	0.94	
氨基酸	蛋氨酸	0.05	GB/T 5009.124—2003
	异亮氨酸	0.82	
	亮氨酸	1.44	
	酪氨酸	0.76	
	苯丙氨酸	0.72	
	赖氨酸	2.09	
	组氨酸	0.64	
	精氨酸	1.19	
	16种氨基酸总量	16.8	

　　由表6可见，欧拉羊肉蛋白质含量达20.1g，（以100g计），脂肪含量3.46g，（以100g计），氨基酸总量16.8g，（以100g计），其中限制性氨基酸（亮氨酸、蛋氨酸之和）含量为1.49g，（以100g计），必需氨基酸（异亮氨酸、亮氨酸、赖氨酸、蛋氨酸、苏氨酸、缬氨酸、苯丙氨酸、酪氨酸之和）含量为7.76g，（以100g计），与肉品香味有关氨基酸（天门冬氨酸、谷氨酸、苯丙氨酸、缬氨酸、丝氨酸、组氨酸、蛋氨酸、异亮氨酸之和）含量为8.09g，（以100g计）。欧拉羊肉中与肉品香味有关的氨基酸含量尤其是与羊肉鲜味物质有关的谷氨酸含量较高。研究表明，欧拉羊肉具有高能量、高蛋白质、高矿物质、低脂肪、低胆固醇的特点，且氨基酸含量更为丰富。

　　2. 剪毛量及其羊毛品质　包永清等（2008）对251只欧拉羊的人工剪毛量进行测定，其中，成年公羊（48只）的平均剪毛量为（1.25±0.28）kg，成年母羊（108只）的平均剪毛量为（0.94±0.24）kg。并随机分析53只成年羊的肩部、体侧、股部毛样的7个物理性状，分析结果见表7、表8，说明欧拉羊毛细度和长度差异大，粗毛和干死毛含量高，净毛率与含脂率成反比关系，强度差异大，伸度不明显。

表7　欧拉羊羊毛纤维类型

性别	年龄	只数	无髓毛（%）	两型毛（%）	有髓毛（%）	死毛（%）
公母	成年	53	52.69	17.89	16.85	12.57

表8　欧拉羊羊毛品质

细度（μm）	长度（cm）	含脂率（%）	净毛率（%）	强度（g）	伸度（%）
47.17±31.72	114.99±51.80	1.51±1.42	84.1±7.9	13.22±5.60	46.75±2.29

3. 产皮性能测定　成年羊的生皮重量和面积：甘南州畜牧研究所"欧拉羊本品种选育与提高研究"课题组在玛曲县屠宰场对34只成年欧拉羊的生皮进行称测，平均重量为（4.12±0.74）kg/张，平均面积为（1.216±0.148）m²/张。

根据甘南州当地的习惯标准，欧拉羊生皮面积等级为：一等10～13尺[*]²，二等8～9尺²，三等7～8尺²，等外5尺²以下。按照中华人民共和国供销总社《畜产品收购规格》中的绵羊板皮收购等级标准（一等5尺²，二等4尺²，三等3尺²）衡量，欧拉羊皮属一等皮。

板皮的厚度和延展性：宰皮（生皮）最厚处3～4mm，最薄处肷部2mm。经刮油鞣制加工后达0.8～1.2mm。高等级皮延展度大，低等级皮伸展度小。一般都能延展10%～12%。

羔皮和裘皮：羔皮和二毛皮（多系生后一个月以内或两个月的羔皮），以春季所产品质较佳。羔皮毛较短，毛根硬，绒毛少，有明显核桃花穗，多用于做背心或大衣；二毛皮毛较长，绒毛较多，花穗松散，皮板厚实均匀，是做藏衣的上等原料；老羊皮有死皮、宰皮两种，以秋季的最轻，老羊皮的毛绺长、绒毛多、皮板厚，保暖耐穿，是制作农牧民皮袄的常用原料。

4. 繁殖性能　欧拉羊母羊1.5岁开始发情，一般2.5岁配种，1.5岁母羊（群众称为"采毛"）配种，繁殖率较低。公羊发情较母羊稍晚，配种年龄一般在2.5岁左右。欧拉羊公羊利用年限3～5年，母羊繁殖年限5～6年。

据对40只母羊的观察，发情周期一般为18d，一个发情期持续时间为12～46h，以30h居多，妊娠期大多为148～155d。欧拉羊习惯冬季产羔，一般在7～9月配种，12月至翌年2月份产羔。

一般每年产羔1次，每胎1羔。在没有棚圈的条件下在草地上产羔，羔羊出生后不久，即能站立行走，紧随母羊吃乳。母羊的母性好，育羔能力强。如人工管理好，在一般情况下，可达到较好的繁殖成活率（表9）。

表9　欧拉羊繁殖性能统计

年龄	配种母羊数（只）	产羔数（只）	断奶成活数（只）	成活率（%）	繁殖成活率（%）
1.5岁母羊	100	56	48	85.71	56.33
成年母羊	100	79	73	92.41	74.17

四、品种保护与研究利用

近年来，在甘南藏族自治州州委、州政府的大力支持下，作为甘南州畜牧业发展的优势畜种，欧

---

* 尺为非法定计量单位，1尺＝33.33cm。

拉羊的保种选育工作得到了进一步加强。

2011年11月，甘南州人民政府制定了《甘南现代畜牧业有机牦牛藏羊产业示范区规划（2011—2015）》。本规划根据甘南州畜牧业两大主体畜种——牦牛、藏羊发展实际，对其2011—2015年产业发展，从饲草料生产——牦牛藏羊有机养殖——畜产品加工营销——农牧民培训进行了系统规划设计。

2011年8月，甘南藏族自治州人民政府制定了《甘肃省甘南藏族自治州藏羊产业发展规划（2011—2020）》。提出将藏羊产业打造成甘南州畜牧业发展的支柱型产业，重点进行天然草地恢复、人工饲草种植、饲草料加工、藏羊良种繁育、藏羊有机繁育、藏羊反季节肥育、藏羊产品精深加工等工程建设规划。

《甘南州"十二五"高原特色生态畜牧业发展规划（2011—2015年）》中提出要因地制宜，分步推进，围绕将牦牛、藏羊为主的高原特色生态畜牧产业培育成甘南藏族自治州的战略性主导产业。以保护甘南现有的稀缺优良地方品种为重点，争取实施甘南藏族自治州畜禽良种工程，在特有畜种主产区，划定保护区，继续建设八个种公畜基地，依托基地建立核心群，辐射和带动牦牛、藏羊的本品种选育。

《甘南州"十三五"高原特色生态畜牧业发展规划（2016—2020年）》中提出甘南州高原生态农牧业发展的主导思想是："大力发展高原特色生态畜牧业，坚持牧（业）种（植业）优势互促型的发展模式"。按照优质、高效、生态、绿色、安全"十字"方针，以国家级生态文明先行示范区为依托，以《甘南州牦牛藏羊发展规划》为蓝本，全力组织实施"168"现代农牧业发展行动计划，把握主题主线（以发展生态畜牧业为主题，以全产业链开发为主线），实施精准攻坚（以专业化、标准化、规模化、集约化为主攻方向），着力加快实现农牧产业转型升级和内涵发展，把甘南建成全国重要的优质畜产品生产基地。

五、品种评价

欧拉羊是甘南藏族自治州主要家畜品种之一，数量大、分布广，具有独特的生物学特性，对高寒牧区生态环境和粗放饲养管理条件有很强的适应性，遗传性能稳定。

欧拉羊的肉用性能较为突出，其体重、胴体重、屠宰率较高，应该选用优良肉羊品种作父本进行经济杂交，以提高产肉量和肉品质。欧拉羊羔羊经短期育肥日增重高，增重速度快，适合羔羊肉的产业化生产，市场前景看好，是肉羊场和专业户饲养肉羊的理想品种。

欧拉羊是甘南地区优良的地方品种之一，是培育新品种的重要素材，有着巨大的利用潜力和广阔的利用前景。但由于欧拉羊品种资源的保护受到资金、条件、效益等多方面的限制，保护利用力度不够，品种退化严重，而任何一个品种一旦消失将不可逆转，都会减少人类自然选择的机会，都有可能对藏羊养殖业的可持续发展带来不可估量的损失。因此，必须采取有效措施加强对欧拉羊的保护。欧拉羊中心产区应以本品种选育为主，有计划的开展选种选配工作；积极改善饲养管理条件，不断提高羊只生产性能、改善羊肉品质，以便更好的保存甘南欧拉羊品种遗传资源，保持和发展其优良特性，扩大种群内优秀种公羊数量，克服品种缺点，提高欧拉羊生产性能，防止品种退化。

枣庄黑盖猪

枣庄黑盖猪（Zaozhuang Black Cover Pig），俗称枣庄黑猪、盖子黑猪，属华北型优良地方猪种，其存养历史悠久，最早可追溯到新石器时代北辛文化时期。因其面部额头有不规则的"八"字形皱纹，形如"盖"子，其中心产区位于枣庄市境内，故称之为枣庄黑盖猪。

一、一般情况

（一）中心产区及分布

枣庄黑盖猪原产地在鲁中南低山丘陵南部地区，中心产区位于山东省枣庄市境内，主要分布于山亭、薛城、峄城、台儿庄、滕州东北部一带。在20世纪50—90年代中期，枣庄黑盖猪在当地普遍养殖。之后，因外来瘦肉型品种的不断引进，枣庄黑盖猪不断被淘汰，养殖数量越来越少。到21世纪初，枣庄黑盖猪只有在偏僻的山区深处部分山村方见到饲养。

（二）产区自然生态条件

枣庄市位于北纬34°27′~35°19′、东经116°48′~117°49′，地处山东南部，地势呈东高西低，北高南低，由东北向西南倾伏状。枣庄市处于中纬度暖温带大陆性季风气候区，兼有南方温湿气候和北方干冷气候的特点，具有光照好、积温高、热量丰富、雨量充沛、雨热同期的气候特点，光、热、水、气等条件优越。气候四季变化明显。年平均气温14.6℃，平均日照时数为1 947.6h，平均降水量581.53mm。境内盛产精粮、粗粮、作物秸秆、牧草，为枣庄黑盖猪提供了丰富的饲草饲料。

二、品种来源与变化

（一）品种形成

枣庄黑盖猪，属华北型优良地方猪种，其存养历史悠久，最早可追溯到新石器时代北辛文化时期，1979年在山东省枣庄市滕州市官桥镇北辛村挖掘出土的两颗猪头骨，是我国发现的迄今最早的家猪，与现今的枣庄黑盖猪头骨相比较，几乎看不出明显的差异。枣庄黑盖猪这一古老的品种经过勤劳、智慧的劳动人民代代选种，加上千百年来漫长的自然选择，形成了今天的具有产仔率高、肉质好、耐粗饲等优良特点。据1987年《枣庄市农牧渔业志》记载，当时枣庄黑盖猪产区范围较大，几乎涵盖整个鲁南地区。

（二）群体数量及变化情况

枣庄黑盖猪产于鲁南地区，其中心产区位于枣庄市境内。至2017年年底统计，产区内存养枣庄

黑盖猪达 15 240 余头，保种区内建有原种场 1 处，存栏枣庄黑盖猪核心群母猪 307 头，公猪 8 个血统 42 头；扩繁场 2 处，存栏扩繁群母猪 400 余头，种公猪 50 余头。

20 世纪 70 年代，枣庄黑盖猪母猪社会存养量达 5 万头以上。到 20 世纪末至 21 世纪初，枣庄黑盖猪存养数量已不足 1 000 头。根据 2006 年第二次品种资源普查时统计，产区内枣庄黑盖猪存养量仅为 800 余头，其中种猪不足 160 头。枣庄黑盖猪一度处于濒危的边缘，也只有在偏僻边远山区老百姓还保留着饲养枣庄黑盖猪的习惯。

三、品种特征和性能

（一）体型外貌特征

1. 外貌特征　枣庄黑盖猪被毛全黑，体型中等，体质健壮，单脊背，背腰较平直，后躯较丰满，腹大稍下垂，轻卧系，尾粗长。头中等大小，耳中等大小、耳根稍硬、半下垂，嘴较粗短微翘，额部有不规则、形同锅盖的"八"字形皱纹。乳房排列整齐，发育良好，有效乳头 7 对以上，个别达 10 对。

枣庄黑盖猪公猪

枣庄黑盖猪母猪

2. 体重和体尺　2016 年 10 月山东省农业科学院畜牧兽医研究所养猪研究室和枣庄黑盖猪原种猪场，对枣庄黑盖猪的后备猪和成年猪群体进行了体重和体尺的测定，结果见表 1、表 2。

表 1　枣庄黑盖猪后备猪体重和体尺

性别	2 月龄		4 月龄		6 月龄				
	数量	体重（kg）	数量	体重（kg）	数量	体重（kg）	体高（cm）	体长（cm）	胸围（cm）
公	34	22.63 ±0.33	28	41.29 ±0.51	20	66.87 ±0.26	54.91 ±0.38	102.58 ±0.37	98.83 ±0.62
母	108	22.72 ±0.42	96	41.42 ±0.25	78	64.56 ±0.32	52.16 ±0.43	106.33 ±0.49	95.96 ±0.58

注：结果以平均数 ± 标准误表示。

表 2　枣庄黑盖猪成年种猪的体重和体尺

性别	头数	体重（kg）	体高（cm）	体长（cm）	胸围（cm）
公	12	124.74 ±0.38	68.63 ±0.72	134.58 ±1.54	118.47 ±2.49
母	36	135.58 ±0.42	65.83 ±0.77	133.81 ±2.22	116.58 ±1.39

注：结果以平均数 ± 标准误表示。

后备猪公猪 6 月龄体重（66.87 ±0.26）kg；24 月龄以上的成年公猪体重（124.74 ±0.38）kg，

体高（68.63 ± 0.72）cm，体长（134.58 ± 1.54）cm，胸围（118.47 ± 2.49）cm。后备猪母猪6月龄体重（64.56 ± 0.32）kg；24月龄成年母猪体重（135.58 ± 0.42）kg，体高（65.83 ± 0.77）cm，体长（133.81 ± 2.22）cm，胸围（116.58 ± 1.39）cm。

（二）生产性能

1. 繁殖性能 据2015—2017年枣庄黑盖猪原种猪场的测定，枣庄黑盖猪公、母猪120日龄可达到性成熟，180日龄可以开始配种利用，母猪的发情周期为18~21d，发情期为3~5d，平均妊娠期为114d。母猪繁殖性能测定的结果见表3，其中，经产母猪平均窝产总仔数（12.74 ± 1.32）头，平均窝产活仔数（12.02 ± 1.12）头，仔猪平均出生重950g，初生窝重（12.11 ± 1.06）kg，35日龄断奶时，仔猪平均断奶重（6.48 ± 0.53）kg，断奶仔猪成活数（10.90 ± 1.10）头，仔猪成活率90.67%。

表3 枣庄黑盖猪的繁殖性能统计

类别	窝	总产仔数	产活仔数	初生窝重（kg）	断奶头数（头）	断奶窝重（kg）	断奶个体重（kg）
初产	48	11.15 ± 0.17	10.33 ± 0.08	9.47 ± 0.15	8.64 ± 0.06	56.94 ± 0.75	6.59 ± 0.19
经产	308	12.74 ± 1.32	12.02 ± 1.12	12.11 ± 1.06	10.90 ± 1.10	70.62 ± 2.83	6.48 ± 0.53

注：结果以平均数 ± 标准误表示。

2. 肥育性能 2016年山东省农业科学院畜牧兽医研究所养猪研究室、枣庄市畜牧兽医局和枣庄黑盖猪原种猪场，对枣庄黑盖猪的生长育肥性能和胴体及肉质性能进行了测定。

枣庄黑盖猪育肥性能测定的结果见表4。结果表明，枣庄黑盖猪25~95kg体重阶段的平均日增重为（455.54 ± 1.97）g，料重比3.83:1。

表4 枣庄黑盖猪的肥育性能

测定头数	初始体重（kg）	结束体重（kg）	日增重（g）	料重比
36	25.37 ± 0.35	96.24 ± 0.79	455.54 ± 1.97	3.83:1

注：结果以平均数 ± 标准误表示。

枣庄黑盖猪胴体性能测定的结果见表5。结果表明：枣庄黑盖猪宰前体重（96.24 ± 0.79）kg，胴体重（67.48 ± 0.52）kg，屠宰率70.12% ± 0.40%，皮厚（4.16 ± 0.09）mm，背膘厚度（36.46 ± 0.52）mm，眼肌面积（26.41 ± 0.35）cm²，瘦肉率40.85% ± 2.08%。

表5 枣庄黑盖猪的胴体性状

头数	宰前体重（kg）	胴体重（kg）	屠宰率（%）	皮厚（mm）	背膘厚（mm）	眼肌面积（cm²）	瘦肉率（%）
36	96.24 ± 0.79	67.48 ± 0.52	70.12 ± 0.40	4.16 ± 0.09	36.46 ± 0.52	26.41 ± 0.35	40.85 ± 2.08

注：膘厚为平均背膘厚度，皮厚为6~7肋间厚度；结果以平均数 ± 标准误表示。

枣庄黑盖猪肉质性状测定的结果见表6。结果表明，以五级分制评分标准为基础，枣庄黑盖猪肉色平均3.49 ± 0.23，大理石纹平均3.85 ± 0.10，pH_1平均6.51 ± 0.12，失水率平均17.56% ± 1.02%，滴水损失平均0.93% ± 0.13%，剪切力值平均（38.41 ± 1.35）N，肌内脂肪平均4.48% ± 0.60%，肌纤维直径平均为（56.38 ± 1.28）μm。说明枣庄黑盖猪肌肉pH正常、系水力良好、肉质细嫩、肌内脂肪含量较为等优良肉质特性。

表 6　枣庄黑盖猪的肉质性状

表 6　枣庄黑盖猪的肉质性状

头数	肉色评分	大理石纹评分	pH$_1$	失水率（%）	滴水损失（%）	嫩度（N）	肌纤维直径（μm）	肌内脂肪（%）
12	3.49±0.23	3.85±0.10	6.51±0.12	17.56±1.02	0.93±0.13	38.41±1.35	56.38±1.28	4.48±0.60

注：pH$_1$ 为宰后 45min 的测定结果，滴水损失为悬挂 24h 的测定结果；结果以平均数 ± 标准误表示。

在依托专业机构进行测定的同时，枣庄黑盖猪原种猪场每年也进行相关的同胞育肥及屠宰测定，表 7 和表 8 为 2015—2017 年场内测定的统计数据。

表 7　枣庄黑盖猪的肥育性能

年份	饲养模式	测定头数	初始体重（kg）	结束体重（kg）	日增重（g）	料重比
2015	圈养	213	24.5±0.16	98.7±0.26	439±1.03	3.91±0.02
	放养	56	28.4±0.56	96.3±0.59	411±2.30	4.21±0.05
2016	圈养	192	25.7±0.22	96.4±0.25	442±0.88	3.88±0.01
	放养	72	23.9±0.32	101.4±0.62	389±1.66	4.38±0.05
2017	圈养	226	26.1±0.16	95.8±0.19	452±0.78	3.85±0.02
	放养	101	26.5±0.32	97.6±0.43	394±1.38	4.27±0.03

注：结果以平均数 ± 标准误表示。

表 8　枣庄黑盖猪的胴体性状

年份	饲养模式	头数	宰前重（kg）	胴体重（kg）	屠宰率（%）	皮厚（mm）	背膘厚（mm）	瘦肉率（%）
2015	圈养	36	98.4±0.62	67.8±0.23	68.90±0.29	4.20±0.10	38.13±0.48	38.42±0.21
	放养	24	95.8±0.65	65.67±0.22	68.55±0.32	4.23±0.11	36.58±0.44	40.21±0.21
2016	圈养	48	98.5±0.40	68.88±0.17	69.93±0.21	4.18±0.10	37.43±0.33	39.12±0.17
	放养	24	97.8±0.84	68.11±0.31	69.64±0.28	4.27±0.13	37.43±0.39	39.38±0.19
2017	圈养	56	99.3±0.30	69.50±0.17	70.04±0.15	4.17±0.06	36.79±0.22	39.88±0.12
	放养	32	97.4±0.34	67.99±0.19	69.81±0.20	4.21±0.10	36.51±0.26	40.42±0.09

注：结果以平均数 ± 标准误表示。

四、品种保护与研究利用

（一）保种方式

2004 年为了将枣庄黑盖猪这一优良地方品种资源保护好、利用好，建立了保种场，组建了保种群体。从当地偏僻边远山区农户中搜集具有枣庄黑盖猪品种特征的 8 个血统 14 头公猪、160 余头母猪组成了保种基础群。目前，保种核心群母猪已达 307 头，公猪 8 个血统、42 头，经过十多年的闭锁繁育，猪群体型外貌已趋于一致，遗传性能趋于稳定。同时建立起了两个二级扩繁群，繁殖群母猪 400 余头，产区社会存养量达到了 15 240 余头。同时，针对枣庄黑盖猪的外貌特征，家系情况，繁殖、生长育肥、抗病性能等进行了良种登记和性能测定。并建档立卡，完善了生产、测定记录制度，制定了《枣庄黑盖猪原种场管理制度及技术规程》《枣庄黑盖猪原种场消毒制度》及《枣庄黑盖猪原种场饲料、兽药管理制度》等。

（二）研究利用情况

2014 年以来，为发挥枣庄黑盖猪种质资源优势和肉质品牌优势，在学习借鉴国内其他地方猪种开发经验的基础上，在政府主导下，结合枣庄市实际，制订了枣庄黑盖猪产业化开发方案，组织成立了枣庄黑盖猪研发中心，建立了枣庄黑盖猪繁育生产体系和特色品牌优质肉猪生态养殖基地，注册"枣庄黑盖猪"地理标志证明商标，取得了无公害产品产地和农产品地理标志认证，开发特色猪肉制品，打造特色猪肉品牌。研究推出了枣庄黑盖猪冷鲜肉、烤肉和风味香肠三大系列 20 多个品种的产品投放市场，产品供不应求，现已成为枣庄市的亮点品牌。截至目前，已累计开发屠宰纯种枣庄黑盖猪 3.14 万余头，在山东省建立"枣庄黑盖猪"猪肉产品销售网点近 30 处，年可销售超过 500t。

五、品种评价

枣庄黑盖猪形成历史悠久，遗传性能稳定，具有繁殖率高、哺育力强、耐粗抗病、肉质细嫩香醇等特性，其对环境的适应性强，可在全国范围内推广，而不需要特殊的饲养条件。目前，枣庄黑盖猪的开发利用主要有两个方面，一是以枣庄黑盖猪为育种素材，培育优质肉猪新品种或新品系，为优质肉猪生产提供母本；二是充分发挥枣庄黑盖猪适应性好、耐粗饲性能强、肉品品质好的特点，利用山区丘陵的荒坡、林地，采取放牧与补饲相结合的饲养模式，开发生产特色优质肉猪，满足部分高端消费市场对高档特色优质猪肉的需求。因此，无论从育种还是市场开发方面，枣庄黑盖猪都具有良好的开发利用前景。

润州凤头白鸭

润州凤头白鸭（Runzhou White Crested Duck），属兼用型（肉、蛋、药与观赏）遗传资源。

一、一般情况

（一）中心产区和分布

润州凤头白鸭中心产区位于江苏省镇江市，主要分布在润州区、丹徒区、丹阳市、扬州市江都区等地。

（二）产区自然生态条件

润州地处镇江西部，因镇江古称"润州"而得名。润州区东隔大运河与镇江市京口区相邻，东南部分地段与镇江新区相接，北滨长江，有润扬长江大桥可与扬州相连。地理坐标北纬32°20′、东经119°40′，地势西高东低，南高北低。境内丘陵平地此起彼伏，平原区平均海拔4~5m。润州区属北亚热带季风气候带，具有明显的季风性、过渡性、变异性气候特点，阳光充足，气候温和，雨量适中，四季分明。年平均气温15.4℃，极端最高气温41.1℃，极端低温 -12.9℃，无霜期239d，年平均日照2 051h，降雨量充沛，年平均降水量为1 063mm。润州区水资源丰富，地质大多为黄棕壤和潜育型水稻土。产区适合种植水稻、玉米、小麦、大豆、油菜、棉花、瓜果等作物。全市粮食产量丰富，农产品加工较为发达，农副产品多，为润州凤头白鸭的饲养奠定了基础。

二、品种来源与变化

（一）品种形成

凤头白鸭在我国的饲养历史可追溯到元代。凤头鸭，古称毛冠鸭，在我国很早便有史书记载。元代葛可久在《十药神书》（1345）中记载的一种治疗肺结核病药方（壬字白凤膏）首次提及黑嘴白鸭，该药治"一切久怯极虚惫，咳嗽吐痰，咯血发热"，其方歌云"毛白者，味较清而入肺，嘴黑者，骨亦黑而入肾"。明代黄一正在《事物绀珠》（1591）中明确记载了凤头鸭的外貌特征："凤头鸭，顶有高毛，白毛、乌骨"。明代李时珍在《本草纲目》（1596）中有"又有白而乌骨者，药食更佳"的记载。凤头鸭最早来源于江苏、浙江一带，属于元代、明代时期古扬州、润州地区（见谭其骧主编的《简明中国历史地图集》，1991）。2005年，扬州大学与镇江市水禽研究所开始在镇江润州地区收集凤头鸭，经过近10年的抢救性收集、整理，最终于2013年成功恢复了与古代文献记载相一致的乌嘴白羽凤头鸭种群——润州凤头白鸭。润州凤头白鸭目前是我国唯一的凤头鸭遗传资源，现有规模 5 000 余只，除了具有极高的观赏价值外，还有较高的药用、肉用与蛋用价值，历史上一直被誉为"虚痨圣药"，且被康熙赞为"天下第一美味"。

（二）群体数量及变化情况

历史上凤头鸭作为药用和观赏用具有一定的数量，赵仰夫在《养鸭法》（1933）提到毛冠鸭种群规模相对于其他肉用品种较小，一般在 100 只以内。自 2015 年润州凤头白鸭种群恢复后，中心产区润州凤头白鸭总存栏数 5 000 余只。在润州凤头白鸭保种场——镇江市天成农业科技有限公司，有核心群种鸭 480 只（母鸭 400 只、公鸭 80 只），家系 80 个。另有扩繁群 2 700 多只，其中公鸭约占 15%。

三、品种特征和性能

（一）体型外貌特征

1. 外貌特征　润州凤头白鸭属中等体型，公母鸭外貌相似，体型紧凑、狭长，全身羽毛洁白紧密，雏鸭全身绒毛呈黄色；头顶有白色隆起（称为凤头），颈细长，前胸浅；喙呈青灰色或青绿色，蹼呈灰黑色或灰黄色；成年公鸭尾端有 3~5 根卷曲的性羽。

润州凤头白鸭公鸭

润州凤头白鸭母鸭

2. 体重和体尺　扬州大学和润州凤头白鸭保种场联合对润州凤头白鸭生长发育进行了测定。2015—2017 年，每 2 周对保种群测一次体重，公、母鸭各 200 只。10 周龄前采用公母混合体重。并测定了 43 周龄体尺。测定方法参照 NY/T 823—2004。结果见表 1 和表 2。

表 1　润州凤头白鸭体重

周龄	体重（g）
0	40.6 ± 3.36
2	266.52 ± 47.83
4	643.48 ± 100.44
6	960.20 ± 197.31
8	1 290.00 ± 122.01
10	1 332.96 ± 164.69
300 日龄体重（公）	1 450.21 ± 100.38
300 日龄体重（母）	1 650.44 ± 200.44

表 2　润州凤头白鸭成年体尺

性别	体斜长（cm）	龙骨长（cm）	半潜水长（cm）	胸宽（cm）	胸深（cm）	胫长（cm）	胫围（cm）	凤头直径（cm）
公	22.75 ± 0.89	12.18 ± 0.50	51.69 ± 2.30	7.86 ± 0.42	7.16 ± 0.39	7.11 ± 0.60	3.78 ± 0.14	1.25 ± 0.44
母	22.41 ± 1.29	11.49 ± 0.49	51.63 ± 2.15	8.06 ± 0.56	7.06 ± 0.49	7.14 ± 0.49	3.83 ± 0.13	1.23 ± 0.40

（二）生产性能

1. 肉用与屠宰性能　作为肉用，润州凤头白鸭一般在 70 日龄上市。2015 年 9 月，扬州大学、润州凤头白鸭保种场联合测定了 30 只 10 周龄润州凤头白鸭的屠宰性能，结果见表 3。

表 3　润州凤头白鸭 10 周龄屠宰性能

数量	宰前活重（g）	屠体重（g）	屠宰率（%）	全净膛重（g）	全净膛率（%）	胸肌重（g）	胸肌率（%）	腿肌重（g）	腿肌率（%）
30	1 216.07 ± 196.08	1 080.25 ± 129.63	88.33 ± 5.08	838.00 ± 104.02	68.91 ± 7.74	122.05 ± 32.50	14.56 ± 2.78	106.46 ± 13.86	12.70 ± 1.32

2. 肌肉常规肉品质　扬州大学对 30 只 10 周龄润州凤头白鸭的肉质性能进行了测定，测定指标包括剪切力、pH、失水率、水分、粗蛋白质、肌内脂肪、微量元素与氨基酸含量等，结果见表 4 至表 7。

表 4　润州凤头白鸭 10 周龄常规肉品质

组织	数量	pH	剪切力（N）	失水率（%）
胸肌	30	5.79 ± 0.14	26.06 ± 9.87	24.49 ± 6.10
腿肌	30	6.42 ± 0.45	21.96 ± 6.47	20.18 ± 5.68

表 5　润州凤头白鸭 10 周龄肌肉营养成分

组织	数量	水分（%）	粗蛋白质（%）	脂肪（%）	胶原（%）
胸肌	30	73.06 ± 0.43	23.31 ± 0.39	2.50 ± 0.33	1.48 ± 0.11
腿肌	30	72.19 ± 1.44	22.06 ± 0.76	3.87 ± 1.11	1.09 ± 0.42

表 6　润州凤头白鸭 10 周龄肌肉微量元素含量

组织	数量	铁 Fe（μg/g）	硒 Se（μg/kg）	锌 Zn（μg/g）	镁 Mg（μg/g）
胸肌	30	45.34 ± 12.72	226.41 ± 18.48	12.49 ± 5.53	341.53 ± 24.80
腿肌	30	35.84 ± 14.76	158.14 ± 12.61	41.24 ± 14.72	306.10 ± 61.70

表 7　润州凤头白鸭 10 周龄肌肉氨基酸组成

氨基酸（g，以100g计）	胸肌（30 只）	腿肌（30 只）
#天门冬氨酸 Asp	1.91 ± 0.09	1.82 ± 0.07
△苏氨酸 Thr	0.94 ± 0.04	0.92 ± 0.02
丝氨酸 Ser	0.79 ± 0.03	0.81 ± 0.03
#谷氨酸 Glu	3.02 ± 0.16	3.00 ± 0.06

（续）

氨基酸（g，以100g计）	胸肌（30只）	腿肌（30只）
#甘氨酸 Gly	0.92 ± 0.04	0.97 ± 0.08
#丙氨酸 Ala	1.21 ± 0.05	1.22 ± 0.05
胱氨酸 Cys	0.11 ± 0.02	0.10 ± 0.02
△ 缬氨酸 Val	0.99 ± 0.05	1.00 ± 0.07
△ 蛋氨酸 Met	0.52 ± 0.03	0.50 ± 0.02
△ 异亮氨酸 Ile	0.98 ± 0.05	0.95 ± 0.07
△ 亮氨酸 Leu	1.68 ± 0.08	1.61 ± 0.03
酪氨酸 Tyr	0.71 ± 0.03	0.70 ± 0.04
△ 苯丙氨酸 Phe	0.92 ± 0.05	0.90 ± 0.05
△ 赖氨酸 Lys	1.81 ± 0.09	1.76 ± 0.06
组氨酸 His	0.57 ± 0.03	0.53 ± 0.04
精氨酸 Arg	1.35 ± 0.07	1.35 ± 0.06
脯氨酸 Pro	0.57 ± 0.04	0.56 ± 0.06
总氨基酸 TAA	19.01 ± 0.94	18.7 ± 1.06
必需氨基酸 EAA	7.85 ± 0.38	7.64 ± 0.11
鲜味氨基酸 FAA	7.06 ± 0.34	7.01 ± 0.21
EAA/TAA（%）	41.29	40.86

注：△ 代表必需氨基酸，#代表鲜味氨基酸。

3. 凤头鸭蛋品质 扬州大学测定了38枚润州凤头白鸭鸭蛋（27枚白壳蛋、11枚青壳蛋）的蛋品质，测定指标包括蛋重、蛋壳强度、蛋白高度、哈氏单位、蛋黄色泽、蛋黄重、蛋黄比例、蛋形指数和蛋壳厚度，结果见表8。

表8 润州凤头白鸭蛋品质

蛋壳颜色	数量	蛋重（g）	蛋壳强度（kg/cm²）	蛋白高度（mm）	哈氏单位	蛋黄色泽	蛋黄重（g）	蛋黄比例（%）	蛋形指数	蛋壳厚度（mm）
青	11	60.21 ± 3.59	4.56 ± 1.35	5.77 ± 1.16	79.99 ± 5.45	11.91 ± 0.68	18.96 ± 3.39	33.61 ± 5.35	1.39 ± 0.04	0.39 ± 0.06
白	27	65.45 ± 3.30	3.98 ± 1.37	6.01 ± 1.86	81.53 ± 7.63	11.70 ± 1.65	20.81 ± 3.53	33.26 ± 3.75	1.38 ± 0.07	0.35 ± 0.04
合计	38	64.66 ± 3.64	4.19 ± 1.36	5.98 ± 1.67	81.07 ± 6.98	11.80 ± 1.43	20.1 ± 3.42	33.22 ± 4.16	1.38 ± 0.12	0.36 ± 0.05

4. 繁殖性能 对润州凤头白鸭繁殖性状进行记录，母鸭5%开产日龄为105～120日龄，500日龄产蛋220～246个，平均蛋重65g，蛋壳白色为主，少数青色，公母配比为1∶10时，受精率为85%左右，受精蛋孵化率为90%左右，母鸭无就巢性。

四、品种保护与研究利用

2013年起在镇江市天成农业科技有限公司建立润州凤头白鸭保种场，以活体保种方式进行保种。在品种内分别建立保种群和扩繁群，保种群现有A系（白壳系）、B系（青壳系）两个品系。其中64

个白壳系，公母比为1∶5；青壳系正在建立之中（原有的40个青壳系由于是杂合子较多，后代青壳蛋比例比较低，且青壳颜色差异大、不稳定，目前正在检测青壳系公鸭基因型，准备重新建立新家系）。同时，为了开发和选育需要，润州凤头白鸭另设立繁育群2 700只。

同时，进一步对扩繁群进行润州白羽凤头白鸭遗传多样性与遗传结构的研究，包括凤头、喙色等质量性状遗传规律，以及影响相关表型性状分子遗传标记的研究。建立了专门化品系选育群，通过本品种家系选育，进一步提高润州白羽凤头白鸭产蛋性能、早期生长速度。并根据市场开发的需要进行配合力测定，形成2~3个配套系，建扩繁场2个，对外提供润州凤头白鸭父母代和商品代种蛋、种雏、冰鲜和速冻产品。

五、品种评价

（一）主要优缺点

优点：润州凤头白鸭体型中等，耐粗饲，抗病力强，适应性广，生长速度较一般兼用型麻鸭快，产蛋性能较好，蛋壳为白色或青色，肉品质优良。10周龄鸭胸肌中含有丰富氨基酸与微量元素，其中不饱和脂肪酸、鲜味氨基酸中谷氨酸、Se、K、Fe、Zn含量都比樱桃谷肉鸭高2~4倍，尤其谷氨酸与Se元素，两者含量分别比樱桃谷鸭肉中含量高约10倍和7倍，比连城白鸭高20%左右。历史上一直被誉为"虚痨圣药"，且被康熙赞为"天下第一美味"。

缺点：早期生长速度较慢。

（二）开发利用的方向

顺应市场需求（优质小体型鸭）和产业重大转型（加工型肉鸭取代活禽市场），充分挖掘凤头白鸭肉质细腻、味道鲜美、保健和药用价值的优点，将表型标记用于标记新品种，方便消费者对优质肉鸭鉴别，同时开展凤头白鸭杂交利用研究，在保持其优良肉品质基础上，提高其产肉性能。通过高通量技术，分离鉴定控制凤头性状主效基因（致因突变基因），为今后开展标记辅助育种提供基因资源。

太湖点子鸽

点子鸽（Spot Pigeon），因其头上有黑羽一点故而得名，是中国古老的飞翔品种。目前申请鉴定的点子鸽，主要收集于太湖周边地区，故称太湖点子鸽。太湖点子鸽除具有肉用价值外，还兼具竞翔和观赏价值。

一、一般情况

（一）中心产区及分布

太湖点子鸽原产地为江浙一带，中心产区为环太湖地区，主要分布于苏州、无锡、扬州和南京，常州、镇江和安徽省合肥东部、浙江省的湖州、嘉兴也有分布。

（二）产区自然生态条件

江苏，地处中国大陆东部沿海地区中部，长江、淮河下游，东濒黄海，北接山东，西连安徽，东南与上海、浙江接壤，是长江三角洲地区的重要组成部分。江苏属于温带向亚热带的过渡性气候，四季分明，光照充足，雨量丰沛，是著名的"鱼米之乡"。农业生产条件得天独厚，农作物、林木、畜禽种类繁多。粮食、棉花、油料等农作物几乎遍布全省。良好的自然生态条件为太湖点子鸽的形成提供了物质基础。

二、品种来源与变化

（一）品种形成

太湖点子鸽最早出现在明代，是点子鸽中的一个主要分支，已有 400 多年的历史。原产于江苏、浙江一带。太湖点子鸽的形成与江浙地区的社会发展、风俗习惯有关。江浙的老百姓自古就喜欢养鸽子，在几百年的饲养过程中逐步选育了兼具优美体貌、滋味鲜美的太湖点子鸽。历史上受制于交通的不便，使太湖点子鸽形成了与其他鸽种不同的独特鸽种。

（二）群体数量及变化情况

从前的太湖点子鸽，一直是千家万户散养，主要用于玩赏，养殖总量约 1 万只，具体数量会随当时的经济发展水平增减。自 20 世纪 80 年代开始兴起大规模肉鸽养殖后，国外肉鸽品种大量引进，地方鸽种受到了很大冲击，太湖点子鸽数量锐减。2015 年起，江苏威特凯鸽业有限公司自发地到农户家收集太湖点子鸽，承担起保种的重任。先后在江苏地区 7 个点收集太湖点子鸽 100 多对。2017 年公司与江苏省家禽科学研究所合作，在原有素材基础上扩繁整理，在场内建立太湖点子鸽家系 110 个，

330 多对，扩繁群有 1 000 对左右，产区存栏 6 000 多只。

三、品种特征及性能

（一）体型外貌特征

1. 外貌特征　太湖点子鸽体型中等。颈短，头部饱满，凤头、平头各半，脸清秀，眼大有神。全身大面积白色，头顶有一点黑羽，尾羽黑色盖过泄殖腔，黑白两色之间界限如刀割般整齐。少量个体头部点羽和尾羽棕色（古称紫点子）。喙短而粗，上黑下白（俗称阴阳嘴），喙基部有鼻瘤，白色。虹彩金色。胫深红色，爪以四趾为主，少数五趾和混合趾。

2019 年江苏威特凯鸽业有限公司对保种群 330 对鸽子进行统计，太湖点子鸽具体外貌特征比例如下：黑羽占 78%，棕羽占 22%；凤头占 49%，平头占 51%；阴阳嘴占 81%，全黑占 5%，全白占 14%；四趾占 70%，五趾占 25%，混合趾占 5%。

太湖点子鸽公鸽

太湖点子鸽母鸽

2. 体重和体尺　太湖点子鸽成年体重和体尺见表 1。

表 1　太湖点子鸽成年体重和体尺

性别	体重（g）	体斜长（cm）	龙骨长（cm）	胸宽（cm）	胸深（cm）	胫长（cm）	胫围（cm）
公	392 ± 38	11.6 ± 1.2	8.0 ± 0.5	6.3 ± 0.4	6.2 ± 0.5	3.3 ± 0.3	2.4 ± 0.2
母	372 ± 36	11.5 ± 0.9	7.7 ± 0.5	6.4 ± 0.8	6.0 ± 0.4	3.3 ± 0.4	2.2 ± 0.2

注：2019 年 3 月，于江苏威特凯鸽业有限公司，太湖点子鸽保种群测定 300 日龄公、母鸽各 15 只。

（二）生产性能

1. 生长和肉用性能　在舍饲条件下，太湖点子鸽 28 日龄公、母鸽平均体重为 367g，饲料转化比为 5.8∶1（由太湖点子鸽保种群测定 28 日龄乳鸽 100 只）。

太湖点子鸽屠宰性能测定结果见表 2，肌肉主要化学成分见表 3。

表 2　屠宰性能测定结果

宰前体重（g）	屠宰率（%）	半净膛率（%）	全净膛率（%）	腿肌率（%）	胸肌率（%）	腹脂率（%）
367 ± 35	88.4 ± 1.7	81.3 ± 3.3	74.5 ± 2.6	6.8 ± 1.3	27.8 ± 1.7	1.0 ± 1.5

注：2019 年 3 月，于江苏威特凯鸽业有限公司，保种群测定 28 日龄乳鸽 30 只。

表3 肌肉主要化学成分

样品	水分（%）	粗蛋白质（%）	粗脂肪（%）	肌苷酸（mg/g）
胸肌	75.55±0.40	22.72±0.94	2.20±0.24	1.31±0.12

注：2019年3月，江苏省家禽科学研究所测定，太湖点子鸽保种群28日龄乳鸽胸肉样15份。放血后，拔毛采集鲜肉样。

2. 蛋品质 太湖点子鸽蛋品质测定结果见表4。

表4 蛋品质测定结果

蛋重（g）	蛋形指数	蛋壳强度（kg/cm²）	蛋壳厚度（mm）	蛋壳色泽	哈氏单位	蛋黄比率（%）
19.3±1.2	1.39±0.05	1.01±0.18	0.23±0.02	白色	75.3±3.5	23.6±1.8

注：2019年3月，江苏省家禽科学研究所测定，太湖点子鸽保种群80周龄鸽蛋30个。

3. 繁殖性能 太湖点子鸽开产日龄150~170d，80周龄入舍母鸽产蛋数14~18个，蛋重18~20g，蛋壳白色；种蛋受精率80%左右，受精蛋孵化率90%左右。

四、品种保护与研究利用

（一）保种方式

建立保种场，以活体保种方式进行，此步骤已完成。保护的公鸽家系数不少于100个，繁育的下一代公鸽、母鸽总数各不少于300对。采用群体家系保种的方式。2015年，江苏威特凯鸽业有限公司自发地到农户家收集太湖点子鸽，承担起保种的重任。2017年，该公司与江苏省家禽科学研究所合作对太湖点子鸽提纯复壮。

（二）选育利用

在保种的基础上，开展了一些杂交利用。由于太湖点子鸽体型较小，利用太湖点子鸽与小体型的美国白羽王鸽杂交，后代体型变大，都保留了黑尾的特征，但头上黑点尚不能完全遗传。

未来用太湖点子鸽公鸽与美国白羽王鸽母鸽配套生产，既可以大幅度提高产蛋效率，改善28日龄乳鸽体重，后代还能适当保持太湖点子鸽的外貌特征，是比较理想的推广模型。

五、品种评价

太湖点子鸽具有外观优美、肉质鲜美等特点，但该品种产蛋量相对较少，受精率偏低。太湖点子鸽是在江浙一带独特的自然环境与生产条件下，经当地人民长期选择而形成的地方品种。对当地环境气候有着很好的适应性，适合在本地及周边地区推广。

五莲黑猪

一、一般情况

（一）中心产区及分布

五莲黑猪（Wulian Black Pig），当地俗称"芪猪"，1975年命名为"五莲黑猪"。五莲黑猪中心产区位于山东省五莲县，主要分布于鲁东低山丘陵与鲁中南低山丘陵衔接地带及周边地区，包括日照市五莲全境、东港区北部、莒县东北部部分区域、青岛市黄岛区西南部，以及潍坊市的安丘、诸城南部、临朐局部。五莲黑猪属于肉质兼用型猪。

（二）产区自然生态条件

五莲县处于日照市北端，该县山地、丘陵、平原分别占总面积的50.1%、35.8%、14.1%，境内的山脉系崂山山脉分支，以五莲山、九仙山为代表，境内大小山头3 000余座，海拔在18～706m。五莲县属暖温带季风型大陆性气候，周期性变化明显，四季分明，年平均气温12.6℃，年平均相对湿度65%，无霜期200d，年平均日照2 538.6h，年平均降水量835.4mm。农作物主要有小麦、花生、玉米、甘薯等，为五莲黑猪提供了丰富的饲料资源和放牧条件。

二、品种来源与变化

五莲人民故有选择优良种猪的习惯，据1960年《五莲县志》记载，当地群众对种猪选种的条件为：一长（身长）、二大（睾丸大）、三宽（额宽、胸宽、肩胛宽）、四窄（四个蹄缝窄）、五短（四条腿、脖子短）、六光亮（四蹄亮、双眼亮）。五莲黑猪是在特有的山区封闭条件下，由当地群众长期选择形成，俗称"芪猪"。1975年3月，五莲县农牧部门对五莲黑猪进行普查，认为该猪种体质结构适于山区放牧和舍饲、耐粗饲、抗病力强、生长快、产仔较多，深受当地群众欢迎，正式将其命名为五莲黑猪。

三、品种特征与性能

（一）体型外貌特征

1. 外貌特征　五莲黑猪被毛全黑，呈季节性换毛，体型中等，结构匀称，体质结实，头大小适中，嘴筒粗长，耳中等大、下垂，额部有菱形皱纹，颌下肉下垂小。颈部较短，与肩部结合良好，额宽、胸宽、肩胛宽，背腰较平直，腹大紧凑，后躯较丰满，母猪有效乳头8对以上。四肢较粗壮，相对较短，蹄缝较窄。

五莲黑猪公猪   五莲黑猪母猪

2. 体重和体尺 五莲黑猪的相对增重以 4 月龄前最大，而绝对增重则以 4～6 月龄时最高，6 月龄以后，进入性成熟期，公、母猪的生长发育相对迟缓。2013 年测定的五莲黑猪成年种猪的体重、体尺见表 1。

表 1 五莲黑猪成年种猪体重和体尺

性别	头数（头）	体重（kg）	体高（cm）	体长（cm）	胸围（cm）
公	8	152.88 ± 3.25	80.16 ± 0.78	158.87 ± 2.68	146.16 ± 2.92
母	12	148.32 ± 2.39	74.330 ±.76	150.26 ± 1.77	140.28 ± 2.27

（二）生产性能

1. 繁殖性能 2013 年，日照市畜牧站会同有关技术人员、企业，对 214 窝五莲黑猪产仔数据进行统计的结果表明，公、母猪 6 月龄均达到性成熟，8 月龄初配，发情周期 21d，妊娠期 115d，见表 2。

表 2 五莲黑猪母猪繁殖性能

繁殖期	头数	窝产仔数（头）	活仔数（头）	初产窝重（kg）	21 日龄窝重（kg）	断奶日龄（d）
初产	214	9.28 ± 0.14	9.02 ± 0.11	9.87 ± 0.07	36.27 ± 0.64	30.67 ± 0.10
经产	214	11.17 ± 0.18	10.33 ± 0.17	10.97 ± 0.19	45.50 ± 0.81	30.50 ± 0.13

2. 育肥性能 2013 年，日照市畜牧站对五莲黑猪进行了为期 107d 的育肥试验，试验数据见表 3。

表 3 五莲黑猪育肥性状统计

头数	饲养天数（d）	始重（kg）	末重（kg）	增重（kg）	日增重（g）	料重比
33	107	38.81 ± 0.75	99.13 ± 1.52	60.32 ± 1.45	563 ± 11.87	3.45 ± 0.06

3. 屠宰和肉质性能 2014 年，山东农业大学对 14 头五莲黑猪的肉质特性进行了屠宰测定，测定结果见表 4、表 5。

表 4 五莲黑猪屠宰性状

头数	宰前活重（kg）	胴体重（kg）	屠宰率（%）	胴体斜长（cm）	6～7 肋骨处膘厚（mm）	三点膘厚均值（mm）	眼肌面积（cm²）	瘦肉率（%）
14	91.30 ± 1.16	69.46 ± 0.78	76.12 ± 0.49	75.21 ± 0.81	48.87 ± 1.17	38.91 ± 1.11	20.18 ± 0.72	48.17 ± 0.78

表 5　五莲黑猪肉质性状

头数	pH_1	肉色（分）	大理石纹（分）	烹饪损失（%）	嫩度（N）	肌内脂肪（%）	总胶原蛋白（mg/g）	胆固醇含量（mg，以100g计）	T-AOC
14	6.53 ± 0.03	2.96 ± 0.08	2.64 ± 0.21	22.70 ± 1.12	37.23 ± 1.99	3.24 ± 0.46	3.80 ± 0.17	52.71 ± 4.21	0.65 ± 0.05

四、品种保护与研究利用

（一）品种保护

五莲县农牧部门在 1975 年对五莲黑猪开展了群体规模普查并组群选育。1983 年五莲黑猪选育列入了山东省"瘦肉猪生产配套技术研究"课题计划，1984 年建立了保种场，组建了选育核心群，包含 5 个血统、10 头种公猪、50 头母猪。2004 年，山东省发布了五莲黑猪地方标准（DB37/T 519—2004）；2005 年山东省科学技术委员会（简称省科委）批准"五莲黑猪保种选育"课题，确定了三个保种场点，拨付经费 10 万元，对五莲黑猪开展保种工作。2009—2014 年，日照市畜牧站、五莲县畜牧站进行了"五莲黑猪组群选育及配套技术研究"，对五莲黑猪进行了较系统的研究和性能测定及利用技术开发。日照市的东港区和五莲县建有五莲黑猪保种场两处，每处各存栏基础母猪 100 余头。2017 年 4 月，五莲县五寨峰养殖有限责任公司接管了日照市五莲黑猪原种场的核心群母猪 120 头、种公猪 8 头，继续承担五莲黑猪保种任务。目前，五莲黑猪有一级地方品种保种场 2 处，共有核心群种母猪 252 头，种公猪 6 个血统、14 头。

（二）开发利用情况

1984 年，山东省科委、农业厅审定了"五莲黑猪瘦肉猪生产配套技术研究"课题，组建了黑猪选育核心群和纯繁户，进行了大批量的杂交瘦肉猪等多项试验，到 1988 年，课题圆满完成，五莲黑猪各项生产性能得到了较大提高。经试验和生产实践证明，五莲黑猪可作为生产商品瘦肉猪的优良地方母本。1990 年，五莲黑猪获山东省"金猪奖"第一名。至今，由五莲县莲山黑猪养殖场注册开发的"九戒壮"五莲黑猪系列产品，深得消费者喜爱。

五莲黑猪 1999 年被收录于《山东省畜禽品种志》，2010 年被列入《山东省畜禽遗传资源保护名录》。

五、品种评价

五莲黑猪具有适应性强、抗病力强、耐粗饲、前躯发育好、行动灵活、适于放牧、哺乳力强、产仔数及成活率较高，以及肉质风味好等特点。以五莲黑猪为母本与杜洛克、大约克、长白等引进品种杂交生产商品瘦肉猪，杂交优势十分明显，饲料报酬高，瘦肉率高，生长快。因此，五莲黑猪是生产商品瘦肉猪的优良杂交母本猪，需大力开发利用。

沂蒙黑猪

沂蒙黑猪（Yimeng Black Pig），因主产于山东省沂蒙山区而得名。原名莒南黑猪、沂南二茬猪、费县菊花顶等，1976年统一命名为沂蒙黑猪。

一、一般情况

（一）中心产区及分布

沂蒙黑猪中心产区为临沂市的沂水、沂南、罗庄等地，主要分布于临沂市的沂南、沂水、罗庄、费县、平邑、兰山、郯城等县区。

（二）产区自然生态条件

沂蒙黑猪的产地为丘陵地带，海拔50～200m。年平均气温12～14℃，平均湿度在63%～72%，年平均无霜期180d，日照时数一般在2 400～2 600h。年平均降雨量在650～820mm。产区内农作物一年两熟或两年三熟，主要生产小麦、花生、甘薯、玉米等，为养猪业的发展提供了丰富的饲料资源和放牧条件。沂蒙黑猪产区可利用土地面积16 979km²，其中，耕地面积占53.4%，草地面积占25.8%。

二、品种来源与变化

（一）品种形成

1947年，沂南县城西三公里的北寨村群众取土时，发现了北寨汉墓内汉画像石墓，在一号墓南壁横额东段刻主人督导仆役装粮入库的丰收图和屠夫抬猪、椎牛、剥羊、酿酒、切菜、烧灶等的庖厨图，在二号墓出土的石器中有滑石猪；在费县梁邱镇发现的孔家汪墓群为汉代、清代墓群，发现了陶猪。这些都充分反映了早在汉代临沂地区养猪业就比较发达。据临沂地区志记载，1936年区内饲养的猪多为当地家养品种，脸长耳大，被毛为黑色，腿较细长，性情温驯，体强健，适应力强，耐粗饲，成熟早，繁殖力强。生后半年即可配种，妊娠期114d，每胎产6～15头，最多者超过20头。其肉质鲜美，为区内群众的主要肉食。

20世纪30年代，产区原养华北型本地黑猪，所产肥猪远销青岛、济南等城市，市场带动出现一些母猪繁殖中心。由于当时交通不便，以及小农经济的影响，经过数十年的自然与人工选育，分别形成了几个优秀类群，曾一度出现过"莒南黑猪""沂南二茬""费县菊花顶"等名称。由于沂南、沂水、莒南等地历来养猪较多，是有名的仔猪产区，所产仔猪以界湖集为主要集散地，故有"界湖秧子"之盛名。

新中国成立后，各级政府重视猪的育种工作，特别是从 1973 年以后，开始进行有组织、有计划的选育工作，地区成立了育种辅导站。育种辅导站与山东农业大学牧医系合作，组成了协作组，建立了育种基地。1976 年临沂地区行署将莒南黑猪、沂南二茬猪等各县同种异名的黑猪种群统一命名为沂蒙黑猪，同年开始组群建系，以地区种畜场和地区种猪场、莒县良种场、日照县食品公司繁育场、沂水四十里铺公社猪场和沂南青驼公社猪场为中心，开展品系繁育，淘汰了大型和小型猪的类型，着重选育和发展中型猪群体。经十年努力至 1985 年，先后建立了沂蒙黑猪 Ⅰ、Ⅱ、Ⅲ 三个品系，完成了沂蒙黑猪品系繁育工作，猪群生产性能不断提高，遗传性能日趋稳定，逐渐形成了外形为灰皮稀毛、额头有金钱顶或菱形皱纹、多为罩耳、体躯长、生长快、肉质好、适应性强的黑猪群体。

（二）群体数量和变化情况

20 世纪 80 年代以来，沂蒙黑猪一直都是临沂地区的当家猪种。1982 年产区内有国营沂蒙黑猪育种场 5 处，社队育种基地 100 余处，育种群 1 000 余头。1986 年沂蒙黑猪有地区育种场 2 个，县育种场 3 个，5 个场有三个系的育种核心群近 500 余头，产区内有沂蒙黑猪能繁母猪 6 万余头。20 世纪 90 年代以来，沂蒙黑猪的养殖数量急剧减少，至 1995 年 4 个地县育种场不再饲养沂蒙黑猪。2000 年，原临沂地区种猪场核心群的 80 余头沂蒙黑猪转至临沂江泉原种猪场保存。近几年来，地方良种猪逐渐成为消费新宠，带动了沂蒙黑猪的饲养，饲养量逐年增加。至 2019 年年底，产区内沂蒙黑猪存栏约 5 300 头。其中，临沂江泉原种猪场存栏沂蒙黑猪 2 100 头，母猪 310 头（其中核心群 106 头），后备猪 100 头，种公猪 21 头，6 个血统。沂南、沂水、费县、平邑偏远山区存栏 3 200 余头。现阶段，沂蒙黑猪处于濒危-维持状态，正在实施品种的保种计划，由江泉原种猪场开展保种工作。

三、品种特征和性能

（一）体型外貌特征

1. 外貌特征　沂蒙黑猪全身被毛黑色，背部有鬃毛，肤色为灰色，毛较稀。体型中等，体质健壮，结构匀称紧凑。头大小适中，额部有金钱形皱纹，嘴较短微撅。耳中等大小、根稍硬，耳尖向前倾罩。躯干中等长，背腰平直，腹部较大不下垂，臀部丰满，乳头 7~8 对。四肢较粗壮结实，无铺蹄卧系。尾根粗，尾端较细，尾长 15cm 左右。肋骨 15 对。公猪 3 岁以上下颚逐渐长出一对獠牙。群众形容沂蒙黑猪体型外貌为：金钱顶，全身黑，罩耳朵，双脊背。

沂蒙黑猪公猪

沂蒙黑猪母猪

2. 体重和体尺　1972 年、1985 年、2010 年和 2018 年测定的沂蒙黑猪成年猪的体重、体尺结果见表1。沂蒙黑猪经多年选育和饲养条件的改善，体重和体尺比20世纪80年代有不同程度的增加。

表1 沂蒙黑猪成年猪体重和体尺

年份	性别	头数	体重（kg）	体长（cm）	胸围（cm）	体高（cm）
1972	公	103	204.93 ± 5.27	160.55 ± 4.06	141.4 ± 3.54	82.38 ± 2.27
	母	436	150.06 ± 6.83	141.37 ± 2.48	124.6 ± 1.82	70.89 ± 0.76
1985	公	21	212.55 ± 15.70	162.44 ± 6.30	141.8 ± 2.33	81.00 ± 0.76
	母	193	155.95 ± 6.12	145.28 ± 17.45	130.11 ± 3.05	72.61 ± 1.31
2010	公	15	215.27 ± 6.54	157.24 ± 2.83	143.45 ± 3.12	84.36 ± 2.90
	母	120	172.83 ± 5.62	144.68 ± 3.24	135.72 ± 2.93	73.51 ± 3.16
2018	公	16	214.63 ± 6.46	156.83 ± 2.69	142.31 ± 3.04	84.11 ± 2.83
	母	115	172.55 ± 5.53	144.46 ± 3.15	135.27 ± 2.85	73.20 ± 2.97

（二）生产性能

1. 繁殖性能 沂蒙黑猪公母猪一般3~4月龄达到性成熟，通常8~10月龄体重达80~100kg时进行初配。母猪的发情周期为21 d，发情持续3~4 d，妊娠期为114 d。据2018年临沂市畜牧局与沂蒙黑猪保种场的共同测定，与《山东省畜禽品种志》记载的1999年的数据比较，沂蒙黑猪繁殖性能有不同程度的提高（表2）。

表2 沂蒙黑猪母猪繁殖性能

年份	母猪类型	测定头数	平均窝产活仔数	断奶头数	断奶窝重（kg）
1999	初产	325	8.72 ± 0.68	7.78 ± 0.61	101.7 ± 0.26
	经产	279	10.25 ± 0.57	9.20 ± 0.40	129.09 ± 5.90
2010	初产	156	9.20 ± 1.00	8.35 ± 0.94	51.77 ± 1.24
	经产	120	10.40 ± 1.10	9.47 ± 1.02	60.42 ± 3.17
2018	初产	239	9.35 ± 1.07	8.56 ± 0.89	53.06 ± 3.18
	经产	146	10.60 ± 1.21	9.73 ± 1.04	62.15 ± 4.30

注：1999年实行双月龄断奶，2010、2018年实行28日龄断奶。

2. 育肥性能 据2018年临沂市畜牧局与江泉原种猪场（沂蒙黑猪保种场）的共同测定，与1985年临沂地区家畜育种站测定数据比较，沂蒙黑猪育肥性能有不同程度的提高（表3）。

表3 沂蒙黑猪育肥性能

年份	测定头数	日增重（g）	料肉比
1985	85	553 ± 8.2	3.55：1
2010	40	572 ± 32.0	3.45：1
2018	120	573 ± 34.2	3.43：1

据2018年山东农业大学、临沂市畜牧局与江泉原种猪场（沂蒙黑猪保种场）共同对40头沂蒙黑猪的测定，与1985年临沂地区家畜育种站测定数据比较，沂蒙黑猪眼肌面积与瘦肉率有不同程度的

提高（表4）。

表4　沂蒙黑猪屠宰性能

年份	头数	宰前体重 （kg）	胴体重 （kg）	屠宰率 （%）	背膘厚度 （cm）	眼肌面积 （cm²）	瘦肉率 （%）
1985	85	93.63±2.53	68.67±0.71	73.34±0.42	3.41±0.10	25.05±0.76	48.31±0.49
2010	20	88.63±1.80	63.90±0.35	72.10±1.70	3.25±0.12	26.80±1.20	49.51±0.55
2018	40	90.52±2.32	65.04±0.65	71.85±1.60	3.23±0.11	27.02±1.33	49.39±0.51

据2018年山东农业大学、临沂市畜牧局与江泉原种猪场（沂蒙黑猪保种场）共同对16头沂蒙黑猪的测定，与1985年临沂地区家畜育种站测定数据比较，肌内脂肪含量有所降低（表5）。

表5　沂蒙黑猪肉质性状

年份	头数	肉色（分）	大理石纹（分）	pH	失水率（%）	熟肉率（%）	肌内脂肪（%）
1985	6	2.98±0.27	3.42±0.49	6.19±0.43	11.37±5.50	59.04±3.37	6.01±3.88
2010	8	3.00±0.24	3.26±0.42	6.07±0.23	9.93±1.40	—	4.60±1.10
2018	16	3.00±0.24	3.31±0.45	6.08±0.32	9.85±1.36	—	4.65±1.13

四、品种保护与研究利用

采用保种场保护。1974—1975年临沂行署组织人员开展了品种普查，1976年起组织13个单位开展沂蒙黑猪的联合育种工作，1983—1988年对三系5场的216头核心群进行了五年选育，群体的遗传较稳定、体型外貌趋于一致，生产性能有所提高，群体饲养规模不断扩大，至1986年，临沂地区能繁母猪存栏量达6万余头。20世纪90年代，受外来猪种的冲击，沂蒙黑猪的存栏量大幅萎缩，原有的5个保种场仅剩1个，并于2000年将80头种猪转入临沂江泉原种猪场。为更好地保护沂蒙黑猪这一珍贵的遗传资源，江泉原种猪场制订了详细的保种方案，开展沂蒙黑猪保种选育和开发利用工作，使沂蒙黑猪的群体数量、性能水平得到一定程度的提高。

近年来，围绕沂蒙黑猪的研究、开发和利用，中国农业大学、山东农业大学、山东省农业科学院等许多大专院校、科研院所的专家学者前来考察，对沂蒙黑猪的保种与开发工作提出了许多合理化的建议，为全面做好沂蒙黑猪的保种、选育和产业化开发提供了科学依据。

2005年开始，山东农业大学与临沂江泉原种猪场共同对沂蒙黑猪的杂交利用进行了试验。其中，与瘦肉型公猪杂交，杂种优势明显，经济效益显著。2015年，以沂蒙黑猪为母本的优质肉猪配套系"江泉白猪"通过国家验收，获得新品种（配套系）证书。

五、品种评价

沂蒙黑猪形成历史悠久，遗传性能稳定，繁殖率高，适应性、抗病性和耐粗饲能力强，肉质鲜美，杂交优势明显，具有鲜明的地方特色。缺点是增重较慢、饲料报酬较低。今后应加强保种工作，增加群体数量，在保护好这一优质遗传资源的基础上加大沂蒙黑猪的遗传改良和杂交利用。

里岔黑猪

里岔黑猪（Licha Black Pig）因主产于山东省胶州市的里岔及其黑毛色而得名。

一、一般情况

（一）中心产区及分布

里岔黑猪中心产区位于山东省胶州市里岔镇，主要分布于胶州市西南部的里岔、张应、张家屯、铺集，胶南市的宝山、六汪，诸城市的林家村、桃园以及高密市的城律等乡镇。

（二）产区自然生态条件

里岔黑猪原产地位于北纬36°00′~36°30′、东经119°38′，海拔3~229m，土地肥沃，年平均气温为12℃，最低气温为-19℃，最高气温为39.7℃，年平均相对湿度71%，年平均降水量695.6mm，无霜期为209d。年蒸发量2 000mm，属暖温带气候。中心产区水源充沛，适宜农作物生长。主要农作物小麦、玉米、甘薯、花生、大豆等。粮食及作物秸秆、牧草资源丰富，为里岔黑猪提供了丰富的饲草饲料资源。

二、品种来源与变化

（一）品种形成

里岔黑猪的主要产区是丘陵地带，历史上当地饲养的猪属华北型黑猪。据对胶县三里河遗址的发掘，在一座墓葬中出土了30多个猪下颌骨，还有猪鬶等冥器，对所发掘的大量猪遗骸的研究，证明当时已开始饲养家猪。又据清朝胶州志记载，胶县城有九条盛兴腌肉店的街道，腌肉通过胶州湾商埠远销外地，以此可以反映伴随农业的发展，胶县曾经有过源远流长的养猪历史。随着经济和社会的发展，猪饲养技术的改进使当地黑猪的品质在适应自然环境条件、杂食耐粗、多胎高产以及外形和肉质特性等方面都不断得到提高。据1999年出版的《山东省畜禽品种志》记载，1940年前后曾从青岛引入少量约克夏猪与本地猪杂交，1957年后又引入过哈白猪，1968—1970年间在靠近里岔的诸城县辛兴、石门公社引进推广了长白猪。但引入猪种及其杂交猪群由于不能适应当地的粗放饲养管理条件而被淘汰，该地方黑猪遂得以基本保纯。1972年12月昌潍地区在猪种调查中发现：胶县、胶南的地方黑猪具有体躯长、体型大的特点。1974年胶县畜牧兽医站和食品公司联合对这些猪进行了比较细致的调查和测定，1976年里岔公社以苗圃猪群为基础组群选育，同年，昌潍地区将其定名为"里岔黑猪"。里岔黑猪基本保留了华北型猪适应性强、繁殖力高、耐粗饲、不易感染传染病、肉质好的特点。

（二）群体数量及变化情况

20世纪80—90年代，由于里岔黑猪具有耐粗饲、适应性强、繁殖力高等特点，非常适合当时粗放条件下群众饲养，加之育种场对其进行系统选育，各项生产性能不断提高，所以，里岔黑猪的饲养数量逐渐增加，1990年统计的种群饲养规模达到1万余头。20世纪90年代以来，外来品种大约克、长白、杜洛克等与本地母猪杂交的比例越来越高，占母猪总数的比例达60%～70%。进入21世纪以来，进一步受大量引入国外猪种的冲击，人们普遍追求洋三元猪的养殖效益，地方猪种的优质优价无法体现，极大地挫伤了群众饲养里岔黑猪的积极性，其饲养数量也呈直线下降趋势。据2007年的调查统计，胶州市共有里岔黑猪保种场和扩繁场各1处，存养纯种里岔黑猪繁殖母猪仅155头，种公猪17头，8个血统。里岔黑猪成为濒危品种，保种工作形势十分严峻。近几年，随着经济发展、人们生活水平及消费观念改变，各级政府加大保种力度，里岔黑猪得到稳定、可持续发展。

现阶段，胶州市养里岔黑猪1.2万余头，年可向社会提供良种猪2万余头。本着科研与生产相结合的原则，先后向辽宁、天津、河北、河南、江苏等全国十几个省市，累计推广里岔黑猪10万余头，产生了较好的社会经济效益。

三、品种特征和性能

（一）体型外貌特征

1. 外貌特征　里岔黑猪头中等大小，脸长，额宽，有浅而多的纵形皱纹。嘴筒中等长短，耳大，耳根软，两耳下垂。体型较大，体质坚壮结实，结构匀称，肌肉发育较好。体躯长，肋骨15～16对，具有比一般猪多1～2枚胸腰椎骨数的独特性状，背腰平直，腹不下垂，臀部欠丰满。四肢粗壮端正，关节结实。毛色全黑。尾中等长短，15～25cm。乳头7～8对，乳头形状正常，排列整齐。

里岔黑猪公猪

里岔黑猪母猪

2. 体重和体尺　据2018年胶州市畜牧兽医局对成年里岔黑猪的体尺和体重的测定，24月龄以上的成年公猪体重（213.34 ± 12.31）kg，成年母猪（三胎或以上）体重（215.98 ± 15.28）kg（表1）。

表1　里岔黑猪成年公母猪的体重和体尺

性别	测定头数	体重（kg）	体长（cm）	胸围（cm）	体高（cm）
公	16	213.34 ± 12.31	170.36 ± 0.25	139.78 ± 2.36	82.23 ± 0.78
母	63	215.98 ± 15.28	168.56 ± 3.31	140.29 ± 3.55	82.68 ± 2.23

据《山东省畜禽品种志》记载，1989 年测定的 57 头成年母猪，体重（209.70 ± 3.10）kg，体长（169.80 ± 0.88）cm，胸围（142.61 ± 0.99）cm，体高（81.89 ± 0.55）cm（司俊臣 等，1999）。2007 年测定的 32 头成年母猪，体重（210.13 ± 2.01）kg，体长（170.21 ± 0.51）cm，胸围（143.31 ± 0.64）cm，体高（82.62 ± 0.20）cm。2018 年、2007 年和 1989 年的测定结果相比，成年母猪的体重、体长、胸围和体高都基本保持不变。

（二）生产性能

1. 繁殖性能 据 2018 年对里岔黑猪的调查测定，性成熟年龄分别是公猪 180 日龄、母猪 150 日龄，配种年龄分别为公猪 240 日龄、母猪 180 日龄。母猪发情周期 18～21d，妊娠期 114d。对 110 窝初产母猪的统计，平均窝产仔数（10.69 ± 0.68）头，平均窝产活仔数（9.87 ± 0.08）头；对 105 窝经产母猪统计，平均窝产仔数（13.88 ± 0.19）头，平均窝产活仔数（12.45 ± 0.23）头，仔猪初生窝重 12.80kg，母猪的泌乳力为 43.8kg。

据《山东省畜禽品种志》记载，后备公猪初次出现爬跨行为的时间平均为（93.00 ± 2.57）日龄、体重（29.69 ± 1.58）kg；初次出现交配动作的时间平均为（113.3 ± 3.36）日龄、体重（32.5 ± 2.67）kg；出现爬跨动作，阴茎伸出包皮，射出精液具有正常交配能力在 130 日龄、体重 48.63kg 左右。后备母猪性成熟平均为（177.35 ± 1.98）日龄、体重（81.74 ± 1.79）kg；母猪发情周期 20.13d，发情持续期 5.35d。1989 年对 141 窝初产母猪统计，平均窝产仔数（9.58 ± 0.02）头，平均窝产活仔数（9.04 ± 0.02）头；120 窝经产母猪统计，平均窝产仔数（12.46 ± 0.03）头，平均窝产活仔数（11.19 ± 0.02）头（司俊臣 等，1999）。2018 年、2007 年和 1989 年的测定结果相比，里岔黑猪的产仔性能都保持基本稳定（表2）。

表 2 里岔黑猪母猪的产仔性能

指　标	1989 年		2007 年		2018 年	
	初产母猪	经产母猪	初产母猪	经产母猪	初产母猪	经产母猪
窝　数	141	120	103	81	110	105
总产仔数（头）	9.58 ± 0.02	12.46 ± 0.03	10.03 ± 0.03	13.23 ± 0.03	10.69 ± 0.68	13.88 ± 0.19
产活仔数（头）	9.04 ± 0.02	11.19 ± 0.02	9.35 ± 0.03	11.90 ± 0.05	9.87 ± 0.08	12.45 ± 0.23

2. 肥育性能 据 2018 年对 38 头里岔黑猪育肥猪的调查测定，20～95kg 体重阶段，平均日增重（640 ± 3.44）g，料重比达 3.2∶1。

据《山东省畜禽品种志》记载，1989 年对 201 头同胞育肥测定，体重 20～95kg 阶段，平均日增重（586.0 ± 0.49）g，每增重 1kg 耗混合料 3.68kg，其中精料 3.44kg（司俊臣 等，1999）。

对里岔黑猪屠宰进行胴体性状和肉质性状的调查测定结果见表 3 和表 4。2018 年、2007 年和 1989 年的测定结果相比，里岔黑猪的增重速度、眼肌面积和瘦肉率等指标基本稳定。

表 3 里岔黑猪的胴体性状

年份	头数	宰前体重（kg）	胴体重（kg）	屠宰率（%）	背膘厚度（mm）	眼肌面积（cm²）	瘦肉率（%）
1989	100	99.34	72.33	72.81	31.8	26.08	47.03
2007	19	91.00 ± 0.65	61.01 ± 0.29	74.98 ± 0.38	26.1 ± 0.4	27.11 ± 0.03	50.44 ± 0.11
2018	38	103.50 ± 0.53	74.50 ± 1.27	71.93 ± 1.90	2.88 ± 0.44	29.56 ± 1.20	49.79 ± 1.26

表4　里岔黑猪的肉质性状

年份	头数	肉色评分	大理石纹评分	pH	失水率（%）	熟肉率（%）
1989	32	3.43	2.55	6.17	19.95	68.83
2007	19	4.0±0.23	3.0±0.09	6.23±0.31	16.35±0.58	68.86±7.94
2018	38	3.8	3.4	6.22	18.25	68.05

在1985—2018年的屠宰测定中，里岔黑猪的胸腰椎总数为21~23枚，平均为21.53枚，比一般猪种多1.55枚，是我国特有的一种胸腰椎数较多的猪种。

四、品种保护与研究利用

从里岔黑猪形成的历史演变表明：里岔黑猪是当地群众在以青粗饲料为主的饲养条件下经过长期择优选留的猪种，它来源于同一祖先、生存于同一自然环境和经济条件，因而在里岔黑猪的个体间表现了具有类似的形态特征和生产性能，并且保存了区别于其他地方品种的独特特点，尽管经历过无计划杂交改良的人为影响，但是当地群众充分利用农副产品，在以青粗饲料为主的粗放条件下，择优选留了适应当地生活条件并被广大群众喜好的外形基本一致的后代，并且拥有数量较大的群体。

为了保护和利用里岔黑猪，1986年山东省胶州市建设了里岔黑猪原种场，在此基础上，1991年组建了青岛市胶州里岔黑猪育种中心，并对里岔黑猪进行了系统的选育研究和开发利用，先后开展了"里岔黑猪选育提高的研究""里岔黑猪瘦肉型新品种培育""里岔黑猪瘦肉型新品系及杂交利用"等科技攻关研究。胶州市畜牧兽医局于1993年11月，经国家事业单位登记管理局核准，成立胶州市里岔黑猪研究开发中心，是具有独立法定代表人的全额事业单位。中心主要负责制修订里岔黑猪和里岔黑猪瘦肉型新品种的育种方法、育种方案、品种鉴定标准；选育、推广里岔黑猪和里岔黑猪瘦肉型新品种猪种；组织开展里岔黑猪和里岔黑猪瘦肉型新品种技术研究及生产交流；制订里岔黑猪和里岔黑猪瘦肉型新品种中长期发展规划；承担里岔黑猪和里岔黑猪瘦肉型新品种产品研发领域的项目评估及成果鉴定等。

五、品种评价

里岔黑猪受现代培育品种杂交的影响较小，基本保留了华北型地方黑猪的性能特点，不仅具有适应性强、耐粗饲、繁殖力高和肉质优良等特点，而且具有生长发育较快、瘦肉率较高的特点，为适应当今保种和选育的要求，里岔黑猪的研究开发及利用方向：一是探索采用活体、组织细胞、精液等相结合的综合保种措施，使里岔黑猪的种质资源完整保留下来。二是利用里岔黑猪体长、多肋的独特性状，培育中国长黑猪，实现产业化开发，打出品牌，更好地实现其独特种质资源的价值。

烟台黑猪

烟台黑猪（Yantai Black Pig），俗称"胶东灰皮猪"，属华北型黑猪，具有性成熟早、繁殖力高、肉质好、适应性强等特点，是山东省地方猪品种之一。

一、一般情况

（一）中心产区及分布

烟台黑猪原产于胶东半岛东部，以胶莱河以东地区分布最广，主要包括烟台和威海两市的10余个县区以及青岛的莱西、平度等县区，以烟台莱州、莱阳及威海文登、乳山数量多、质量好。

（二）产区自然生态条件

烟台黑猪产区地处胶东半岛，为胶莱谷地或胶潍平原以东的山东半岛地区，位于北纬35°35′~38°23′、东经119°30′~122°42′。土地总面积约3万km²。

胶东半岛属暖温带湿润季风气候。1月份均温−3~−1℃，8月（最热月）均温约25℃，极端最高温约38℃。年降水量650~850mm，半岛南侧在800mm以上；西北侧滨海平原约600mm。年降水量约60%集中于夏季，且强度大，常出现暴雨。降水年均相对变率约20%。年均相对湿度在70%以上。半岛东侧南部沿海4—7月多海雾，年均雾日30~50d。该区作物以小麦、玉米、甘薯、花生为主，大豆、豌豆、水稻、高粱次之。自然条件较好，农副产品种类多，养猪饲料资源丰富。加之海岸线长，海洋渔业资源丰富，也提供了良好的海产饲料，更有利于养猪业的发展。

二、品种来源与变化

（一）品种形成

烟台黑猪的历史至少可追溯到距今7 000~4 500年前的新石器时代贝丘文化时期，这一历史时期，烟台的先民们傍海而居，过着耕种、畜养、渔猎、采集的生活，在山海间构筑了自己的家园。烟台的白石村遗址和邱家庄遗址是这一历史时期的典型代表，其中在莱山区庙后遗址挖掘出土的猪骨，现珍藏于烟台市博物馆。19世纪胶东地区已形成了稳定的原华北型灰皮猪这一古老地方猪种，胶东地区本地猪主要包括乳山地区的灰猪、莱阳本地灰猪等多个类群。1976年，烟台地区（包括现在烟台市、威海市和青岛部分县市）将全区黑猪统一命名为"烟台黑猪"。

（二）群体数量及变化情况

据2011年对烟台、威海两区调查统计，全产区烟台黑猪存栏39 750头，母猪3 750头，种公猪

135头。其中莱州市烟台黑猪原种场存栏核心群母猪241头，种公猪18头，6个血统。现阶段，保种已无问题，烟台黑猪濒危程度为无危险。

三、品种特征和性能

（一）体型外貌特征

1. 外貌特征　烟台黑猪全身被毛全黑，稀密适中，皮灰色。体型中等、头长短适中、额部较宽广且有皱褶。嘴筒粗直或微弯，耳中等大小、下垂或半下垂。背腰较平直，腹中等大，臀部较丰满，四肢端正、体质结实、结构匀称、有效乳头多为8对，排列整齐，背部有少量黑色鬃毛。公猪背腰平直，四肢发达健壮，雄性较强。调查显示，烟台黑猪主要头型有"梯形脸"和"圆头方脸"。

烟台黑猪（黑毛系）公猪

烟台黑猪（黑毛系）母猪

烟台黑猪（灰皮系）公猪

烟台黑猪（灰皮系）母猪

2. 体重和体尺　2011年，莱州市畜牧兽医站对莱州市烟台黑猪原种场184头烟台黑猪群体进行了体重和体尺测定，测定结果见表1。

表1　烟台黑猪的体重及体尺

性别	月龄	头数	体重（kg）	体长（cm）	体高（cm）	胸围（cm）
公	6	16	55.3±13.34	100.7±8.37	57.1±2.33	90.1±6.12
	24	12	148.3±7.96	142.9±11.38	74.7±1.89	123.5±4.27
母	6	96	39.5±7.42	92.7±5.16	53.4±3.17	80.5±4.66
	24	60	102.3±12.36	123.1±10.76	62.8±5.21	112.4±5.66

（二）生产性能

1. 产肉性能　2011年，莱州市畜牧兽医站对莱州市烟台黑猪原种场40头烟台黑猪进行了产肉性能测定，其30～100kg育肥性能、100kg体重屠宰胴体性能的测定结果见表2。经谱尼测试有限公司（青岛）测定，烟台黑猪脂肪含量为7.5%，蛋白质含量为21.9%。

表2　烟台黑猪育肥性状测定结果

头数	育肥性能		屠宰胴体性状		
	日增重（g）	料重比	背膘厚（mm）	眼肌面积（cm²）	瘦肉率（%）
40	418.8±20.67	3.84（精料）：1	39.7±2.12	15.58±3.12	42.32±1.05

2. 繁殖性能　2010年，莱州市畜牧兽医站对莱州市烟台黑猪原种场90头烟台黑猪进行了繁殖性能统计，显示烟台黑猪具有很强的护仔性能，哺育率多在95%以上，60日龄个体断奶体重达13kg以上（表3）。

表3　烟台黑猪繁殖性能测定结果

头数	窝产活仔数（头）	初生窝重（kg）	60日龄断奶数（头）	60日龄断奶窝重（kg）	断奶重（kg）
50（初产）	11.88±1.96	11.97±1.22	11.23±0.94	148.46±4.21	13.22±3.26
40（经产）	13.72±0.63	13.96±1.75	12.36±1.03	165.5±10.29	13.39±1.82

四、品种保护与研究利用

（一）保种方式

1978年先后建立了莱州市烟台黑猪原种场，烟台黑猪的保种选育一直没有间断。1978年开始，莱州市烟台黑猪原种场以日增重、体长为主选性状，完成4个世代后，根据养猪生产需要和瘦肉生产配套技术研究课题的要求，于1982—1988年又进一步明确了以提高瘦肉率为主选目标，继续完成3个世代，前后7个世代的选育，于1989年选育形成了烟台黑猪快长系和高产系，并通过了省级鉴定验收。

（二）选育利用

自1990年后，莱州市烟台黑猪原种场开始了以烟台黑猪为母本、长白猪为第一父本、斯格猪为第二父本，通过杂交、横交固定、世代选育的手段进行新品种培育工作。"九五"以来，烟台黑猪选育先后被列入"山东省三〇工程""山东省农业良种工程"重大专项，进行了更加系统的研究与利用，历经十余年，培育出了新品种——鲁烟白猪，2007年通过了国家畜禽遗传资源委员会审定，并相继于2009年度和2010年度获得山东省科技进步奖一等奖和国家科技进步奖二等奖。获奖项目名称为"鲁农1号猪配套系、鲁烟白猪新品种培育与应用"。

五、品种评价

烟台黑猪是以耐粗饲，易管理，抗病力强，产仔数多、成活率高，生长育肥性能较好，肉品品质优良、肌内脂肪含量高等特点而著称。烟台黑猪在生产上可进行纯种利用，生产高档品牌猪肉；同时也可作为杂交优质肉猪生产的母本。在培育优质肉猪配套系中，烟台黑猪更是不可多得的良好育种素材，具有广阔的育种、市场开发利用前景。

沂蒙鸡

沂蒙鸡（Yimeng Chicken），又名沂蒙草鸡、蒙山草鸡，当地俗称"草鸡"，因产于沂蒙地区，所以以"沂蒙鸡"命名。经济类型属蛋肉兼用型。

一、一般情况

（一）原产地、中心产区及分布

沂蒙鸡原产于山东省临沂地区的沂蒙山一带，主要分布在兰山北部、蒙阴、费县、沂南等县区。

（二）产区自然生态条件

沂蒙鸡的产区地处山东省最南端临沂市，位于北纬 34°22′~36°22′，东经 117°24′~119°11′，南北最长距 228km，东西最大宽度 161km，山地、丘陵、平原各约占 1/3，平均海拔 400m。境内山水纵横，河道交织成网。在山水湖荡河沟及草滩中，有大量的树籽、草籽、可食草、昆虫、鱼虾及其他水生动植物，为沂蒙鸡饲养提供了良好的天然饲料。临沂地区属于暖温带大陆性季风气候，四季分明，夏秋季节雨量充沛，气候温和，全年平均气温 14.1℃，极端最高气温 36.5℃，最低气温 -11.1℃，年降水量 849mm，全年无霜期 200d 以上。临沂是山东省重要的商品粮生产基地，农作物以水稻、小麦、棉花、花生、油菜等为主，自然条件好，自流灌排等水利设施齐全，农作物连年丰收，为沂蒙鸡的资源保护和饲养奠定了良好的基础。

二、品种来源与变化

（一）品种形成

沂蒙地区养鸡历史悠久，适宜的气候条件和自然环境孕育了蒙山地区优质的畜禽产品，尤其是当地农民自然繁育的地方品种——沂蒙鸡。由于当地人民素有喜食鸡的传统，于是农民有意识地将体型大的公鸡选留了下来，逐步形成沂蒙鸡蛋肉兼用型品种。该品种体型大于山东省其他品种的青脚麻羽鸡，具有产肉性能好、抗逆性强等优良遗传特性。

（二）群体数量及变化情况

1949 年沂蒙地区鸡存栏 31 万只，1978 年存栏 81 万只，其中临沂当地"草鸡"约占 90%，即约有 70 万。1990 年以来，随着规模化养鸡场的增多，大量引入外来高产鸡，地方品种资源严重减少，纯正的沂蒙鸡存栏量呈逐年下降趋势。2000 年以后，只有在山区散养户中偶尔可以看到沂蒙鸡。从 2003 年起，山东龙盛农牧集团开始在蒙山地区寻找并搜集沂蒙鸡种质资源，组建基础群，其后经过十余年不断地挖掘、搜集、繁育，完成了保种复壮工作，2016 年组建了保种群。截至 2016 年，沂蒙地区年饲养沂蒙鸡数量达到 23 万只左右。

三、品种特征和性能

（一）体型外貌特征

1. 外貌特征

（1）雏鸡特征　雏鸡绒羽以棕色和黑色居多，背部绒毛颜色有黑色、棕色，少部分有深棕色条纹 3 种，前胸、腹部绒毛颜色为浅棕色，脸、耳均为黑色，喙、趾、爪均呈青色。

（2）成年鸡特征　沂蒙鸡成年鸡体型较小，结构紧凑，尾羽高翘。冠型为单冠，冠齿 5～7 个，髯、脸、冠、耳均呈红色，喙、胫、趾均呈青色，皮肤为白色。蛋壳为粉色或绿色。

公鸡：外形呈马鞍形，背部似 U 形，胸宽而深，冠大直立，冠型为单冠，冠齿 5～7 个，髯、脸红色，尾羽呈墨绿色。羽毛以黄麻多见，少量黑麻。黄麻：颈、肩、鞍羽、胸羽、腹羽多为金黄色；黑麻：颈、肩、鞍羽呈红黄色，胸羽、腹羽多为黑色。

母鸡：外形清秀，体小结实，眼大腿短，尾部翘起，具有蛋肉兼用型特点，羽毛以黄麻多见，黑麻少之，颈羽有浅黄麻色镶边，主副翼羽、尾羽呈黑色或灰黑色。

沂蒙鸡黑麻公鸡

沂蒙鸡黑麻母鸡

沂蒙鸡黄麻公鸡

沂蒙鸡黄麻母鸡

2. 体重和体尺　随机抽取公母鸡测量体重（测定数量不少于 5%）：出壳重，育雏、育成期双周龄末体重，43 周龄、66 周龄体重，测定结果详见表 1。

表 1　不同周龄沂蒙鸡体重

单位：g

周龄	公鸡	母鸡
0	32.5 ± 2.7	32.8 ± 2.6
2	91.1 ± 13.9	81.7 ± 12.7

周龄	公鸡	母鸡
4	171.3±27.5	135.3±18.9
8	457.8±71.5	406.0±61.8
10	696.6±105.1	617.2±84.9
12	926.6±162.7	777.3±106.5
16	1 318.1±188.6	1 030.3±136.2
18	1 523.4±198.1	1 092.1±135.6
43	2 149.9±264.5	1 735.0±190.6
66	2 324.7±301.8	1 885.3±225.6

在43周龄时，随机抽取公母鸡各30只测量体重、体尺指标，测定结果见表2。

表2　沂蒙鸡43周龄体重和体尺

项目	公鸡	母鸡
体重（g）	2 138.6±232.5	1 785.8±165.6
体斜长（cm）	21.4±2.4	18.6±2.5
胸宽（cm）	7.8±0.9	7.0±0.4
胸深（cm）	10.7±1.5	8.9±0.7
龙骨长（cm）	11.4±1.9	10.6±1.5
骨盆宽（cm）	8.0±0.7	7.7±0.6
胫长（cm）	9.0±0.9	7.5±0.6
胫围（cm）	4.2±0.2	3.5±0.7

（二）生产性能

1. 肉用性能　测定体尺指标后屠宰，测定屠宰性能，结果详见表3。

表3　沂蒙鸡43周龄屠宰性能

项目	公鸡	母鸡
体重（g）	2 138.6±232.5	1 785.8±165.6
屠体重（g）	1 950.4±147.1	1 616.1±152.1
屠体率（%）	91.2±7.6	90.5±6.8
半净膛率（%）	79.7±1.3	74.0±2.9
全净膛率（%）	73.5±3.5	61.7±3.1
胸肌率（%）	14.4±1.2	15.0±1.7
腿肌率（%）	28.0±1.4	22.3±1.5
腹脂率（%）	2.6±0.3	5.8±0.9

2. 蛋品质　沂蒙鸡产蛋以粉壳为主，也有少量的绿壳蛋。随机抽取43周龄粉壳蛋和绿壳蛋各30枚测定蛋品质，测定结果见表4。

表 4　43 周龄蛋品质

蛋壳颜色	蛋重（g）	蛋形指数	蛋壳厚度（mm）	蛋壳强度（kg/cm²）	蛋黄颜色	蛋黄比例（%）	哈氏单位
粉壳	50.8 ± 2.1	1.32 ± 0.03	0.33 ± 0.02	3.89 ± 0.42	8.41 ± 0.37	32.60 ± 0.86	77.01 ± 6.81
绿壳	50.6 ± 1.9	1.30 ± 0.04	0.31 ± 0.02	3.66 ± 0.67	8.48 ± 0.47	33.94 ± 0.86	73.53 ± 8.50

3. 繁殖性能　沂蒙鸡在农家饲养以稻谷为主，结合自由放养，并以母鸡自然孵化与育雏的饲养方式下，其年平均产蛋数不超过 100 ~ 130 个。在改善饲养管理条件下，个体最早开产日龄为 115 日龄，5% 开产日龄在 140 ~ 160 日龄，30 周龄达到产蛋高峰，高峰期产蛋率可达 73%，高峰期维持 1 个月左右，22 ~ 66 周龄总产蛋量 160 ~ 190 枚。种蛋平均受精率为 92%，受精蛋孵化率为 95%。

四、品种保护与研究利用

（一）保种方式

采用保种场保护，从 2003 年起，山东龙盛农牧集团开始承担沂蒙鸡的保种任务，在蒙山地区寻找并搜集沂蒙鸡种质资源，开始组建基础群，其后经过十余年不断地挖掘、搜集、繁育，完成了保种复壮工作，2016 年组建了保种群。经过扩繁，建立了育种群和商品生产群，选育核心群 5 000 只，生产群 6 万只，已建立完善的保种体系。

（二）选育利用

1. 绿壳蛋的形成机制研究　沂蒙鸡是山东省唯一产绿壳蛋的地方品种，且该性状不是由邻近或南方省份传入的，而是该资源所特有的，该群体的形成可能比其他群体还要早（基因 SNP 多态性最高），沂蒙鸡资源将对蛋壳颜色的遗传机制等研究提供良好的素材。

2. 不同品种之间的遗传进化关系研究　在沂蒙鸡等地方品种的微卫星标记分析中，沂蒙鸡的期望杂合度高于大部分山东其他地方品种，其原因一方面可能由于沂蒙鸡受人工选择的影响较小，另一方面可能是该品种形成较早。因此，可对山东不同品种的遗传进化或驯化过程的研究提供重要素材。

3. 创新利用研究　沂蒙鸡适应性强，体型外貌特征及肉质特性等符合我国城乡居民日益提高的多元化消费需求。沂蒙鸡定位为蛋肉兼用型。创新利用可分为两个方向：一是蛋用方向，以生产优质绿壳蛋、粉壳蛋为目标，提高产蛋量到达 66 周龄 190 ~ 200 枚。二是肉用方向，沂蒙地区消费者特别喜欢"炒公鸡"，肉用方向瞄准"炒鸡"市场，侧重产肉量和肉质的特色。公鸡培育目标是 180 ~ 150 日龄达到上市体重 2kg。

五、品种评价

沂蒙鸡是在历史发展过程中以沂蒙山为天然屏障形成的地方优良品种，具有耐粗饲、抗逆性强、适应当地的生态条件等优点，体型外貌特征符合当地及全国多数地区的消费习惯。产肉率高，全净膛率等指标具有明显优势。肉质好，适合开展高端品牌经营，但沂蒙鸡生产速度偏慢，产蛋率与国内高产地方品种相比也稍低，生长、产蛋性能有待进一步提高。

莱芜黑兔

莱芜黑兔（Laiwu Black Rabbit），中心产区在原莱芜地区，故称莱芜黑兔（莱芜本地人称之为"菜兔子"），属中型肉用型兔。

一、一般情况

（一）中心产区及分布

莱芜黑兔原产于山东省济南、泰安、淄博等地，中心产区为济南市莱芜区、钢城区，分布于鲁中山区、泰莱平原。地理坐标为北纬 $36°02'\sim36°33'$、东经 $117°19'\sim117°58'$。

（二）产区自然生态条件

产区北、东、南三面环山，为大汶河发源地。中部为大汶河冲积平原，孕育了大汶口文化、龙山文化，为我国农耕文明的重要发祥地。产区气候属暖温带半湿润大陆性季风气候，四季分明，光照充足，雨热同季，生物资源丰富。

二、品种来源与变化

（一）品种形成

莱芜地处山东省中部、鲁中山区的高地，大汶河的源头。崇山峻岭，交通闭塞，土地贫瘠。粮食作物以耐旱的甘薯、花生、谷子、高粱、杂粮为主，小麦、玉米为辅。人们喜欢抗病、耐粗、易牧饲的黑色动物。所以形成了莱芜黑猪、莱芜黑山羊这些优良的黑色地方品种。莱芜黑兔的形成也是在这种自然生态环境条件和人文条件下形成的又一个遗传性能稳定的地方种质资源。综上，莱芜黑兔是当地劳动人民长期饲养和选择而来的一个地方兔种群，为古老品种——中国白兔（莱兔）的黑色类型。

（二）群体数量及变化情况

新中国成立初期，莱芜黑兔饲养量仅有 5 000 只左右，1978 年达到 4.5 万只，属较高水平；1990—2006 年受长毛兔、獭兔养殖的影响，保持在 1 万只左右；2008 年建立莱芜黑兔保种场，至2009 年莱芜黑兔存栏量达 3 万只；2011 年饲养量达到 13 万只；2017 年饲养量达到 31.6 万只；2018年核心产区莱芜黑兔存栏量约 36 万只。

三、品种特征和性能

（一）体型外貌特征

1. 外貌特征 莱芜黑兔体型中等，头圆额宽，耳中等稍厚、长直。多数颌下有肉髯，前躯较宽阔，腰部肌肉发达，后躯较丰满，乳头4～5对，四肢强健，反应机敏。

毛色有3种，据2016年保种核心群统计，全身黑色（黑毛、黑皮、黑爪、黑眼、黑耳）个体约占群体的95%；青紫灰色约占群体的3%，土黄色约占群体的2%，其他杂花色少见。被毛颜色外深内浅，冬季密生绒毛。眼球为黑色。皮肤为白色，常带有灰色斑块。

莱芜黑兔公兔　　　　　　　　　　　　　　　　莱芜黑兔母兔

2. 体重和体尺 2014—2016年，对莱芜黑兔原种场种兔和重点繁育示范户的莱芜黑兔进行了连续测定，其成年兔体尺体重测定结果见表1。

表1　莱芜黑兔成年兔体尺和体重（$X \pm SE$）

性别	月龄	数量	体重（g）	体长（cm）	胸围（cm）
公	10	100	4120±360	48.5±1.7	35.2±1.8
母	10	260	4150±340	46.0±1.8	36.8±1.9

（二）生产性能

1. 生长发育性能 莱芜黑兔仔兔初生重平均在56.4g；35日龄公兔平均体重881.8g、母兔818.7g；60日龄公兔平均体重1 686.9g、母兔1 611.6g；90日龄公兔平均体重2 668.7g、母兔2 591.7g；150日龄公兔平均体重3 355.2g、母兔3 417.6g。莱芜黑兔生长发育性能见表2。

表2　莱芜黑兔生长发育测定（$X \pm SE$）

日龄	数量	体重（g）	体长（cm）	胸围（cm）
35（公）	104	881.8±50.1	24.8±2.3	13.9±1.7
35（母）	260	818.7±47.2	24.3±1.6	14.1±1.4
60（公）	98	1 686.9±160.2	36.6±2.3	25.0±1.8
60（母）	94	1 611.6±153.6	34.5±1.8	27.3±1.7
90（公）	96	2 668.7±221.7	41.5±2.3	29.6±1.6

（续）

日龄	数量	体重（g）	体长（cm）	胸围（cm）
90（母）	92	2 591.7 ± 203.4	41.3 ± 1.6	31.1 ± 1.7
150（公）	90	3 355.2 ± 314.6	44.5 ± 1.9	33.2 ± 1.9
150（母）	90	3 417.6 ± 301.2	44.0 ± 1.9	33.8 ± 1.8

2. 繁殖性能 公兔性成熟期一般在 4~4.5 月龄，母兔 3.5~4 月龄；公兔 5~6 月龄参加初配，母兔初配年龄为 4.5~5 月龄。公兔平均每次射精量 0.5~2.5mL，精子活力 0.8 以上。母兔可四季发情，但以春秋季较为集中，占年发情配种总数的 80% 以上；母兔一般每年产 5~6 窝。2016 年莱芜黑兔原种场统计（表 3），莱芜黑兔初产每胎平均生产活仔 7.7 只，年生产活仔 39 只，经产母兔每胎平均生产活仔 8.0 只，年平均生产活仔 41 只。

表 3　莱芜黑兔母兔产仔情况统计（$X \pm SE$）

	数量	胎产仔数（只）	年产仔数（只）
初产	460	7.7 ± 2.0	39.2 ± 2.1
经产	660	8.0 ± 1.8	41.1 ± 2.6
合计	1120	7.8 ± 1.9	40.1 ± 2.5

3. 产肉性能 2016 年 8 月，在莱芜黑兔原种场对 100 只 80 日龄出栏商品兔屠宰测定，结果见表 4；兔肉品质的物理性状见表 5；兔肉常规营养成分见表 6。胴体外观肌肉丰满，肌纤维细致，无腥味。

表 4　莱芜黑兔商品兔屠宰测定

日龄	活体重（kg）	半净膛重（kg）	全净膛重（kg）	半净膛率（kg）	全净膛率（kg）	肉骨比（%）	骨重率（%）	皮相对重量（g/kg）	脂肪相对重量（g/kg）	前腿肌相对重量（g/kg）	后腿肌相对重量（g/kg）
80	2.04 ± 0.04	1.07 ± 0.05	1.00 ± 0.03	52.45 ± 0.65	49.02 ± 0.67	2.85 ± 0.11	12.37 ± 0.24	14.19 ± 0.59	6.87 ± 1.07	59.71 ± 1.09	119.82 ± 3.36

表 5　莱芜黑兔兔肉品质的物理性状

pH_{45min}	pH_{24h}	熟肉率（%）	滴水损失（%）	失水率（%）	剪切力（N）	亮度 L	红度 a	黄度 b
6.98 ± 0.06	6.40 ± 0.03	58.38 ± 0.54	5.29 ± 0.21	69.92 ± 1.16	22.34 ± 2.73	41.96 ± 2.45	17.71 ± 1.15	1.70 ± 0.44

表 6　莱芜黑兔背最长肌的常规营养成分

干物质（%）	粗蛋白质（%）	粗脂肪（%）	粗灰分（%）	钙 Ca（%）	磷 P（%）
25.47 ± 0.20	22.76 ± 0.18	0.99 ± 0.06	1.29 ± 0.014	0.014 ± 0.0008	0.281 ± 0.004

四、品种保护与研究利用

（一）保种方式

2008年，为了把这一优良地方品种保护好、利用好，建立了保种场，组建了16个血统360只母兔的保种基础群。16个血统来源于不同农户和兔场，血统清楚。对每个血统的个体都建立了系谱档案卡，并代代延续，同时记录生产成绩和遗传表现。

（二）选育利用

配种实行交叉和随机交配，避开近亲配种，并扩大群体内优秀个体。现阶段，保种核心群已达508只，繁殖群5 012只，生产群10 053只，社会存栏量也达到了28万只。扩大保种群规模，延长世代间隔，保种群避免三代内有亲缘关系个体的交配，淘汰有遗传缺陷的个体。每2～3年更新一个代次，使黑兔原种群得到长期保存。

五、品种的评价

莱芜黑兔养殖历史悠久，经长期自然和人工选择，形成了生长较快、肉质好、抗逆性强的特性，种质资源价值大。利用其优良的生产性能和肉质特性，对推动我国兔业生产、开发特色兔肉产品、引导北方兔肉消费具有重要意义。

独龙牛

独龙牛（Dulong Gayal）又名大额牛，属肉用型地方牛遗传资源。

一、一般情况

（一）中心产区及分布

独龙牛原产于怒江州贡山县独龙江一带，为一种半野生、半家养珍贵畜种，中心产区为贡山县独龙江乡，分布于贡山县独龙江乡、捧当乡、茨开镇、普拉底乡，福贡县上帕镇、鹿马登乡、石月亮乡、子里甲乡、匹河乡、架科底乡，泸水县老窝乡、片马镇等地。

（二）产区自然生态条件

贡山县位于北纬25°33′~28°23′、东经98°39′，北部与西藏自治区察隅县接壤，东倚著名的高黎贡山，南部和西部与缅甸北部相邻。受印度洋海风的影响，雨量十分充沛，年降水量达2 500mm，河床两岸海拔较低，地形复杂，从河谷到山峰的气候呈显著的垂直分布，河谷气候较热，年平均气温23℃左右，全年无霜或偶尔有轻霜。冬季高山积雪，海拔700m以上积雪期达7个月以上；中部夏季凉爽，形成谷底热、中间凉、山顶寒的立体气候。独龙江两岸山间密布原始森林，树种按海拔垂直分布。竹林遍布从谷底至海拔3 000m以上的高山，林间及山坡野草繁茂，多为禾本科茅属野草。由于谷底狭窄、山势陡峭，河床两岸仅有小面积的台地，大部分耕地都在险峻的山坡上。农作物以玉米、荞麦、豆类为主，北部亦产少量青稞和燕麦。

二、品种来源与变化

（一）品种形成

独龙牛的起源和形成历史目前尚无统一定论。由于新中国成立前独龙族尚处于原始社会末期，没有文字记载，对贡山县独龙江一带的独龙牛的起源也就无查考。但据当地民间流传，独龙牛是独龙江流域独龙族人民长期驯养和驯化而形成的适宜高山峡谷陡坡环境生存和发展独有的一个珍稀牛种资源，其驯化时间据传已在百年以上。光绪三十四年（1908年），当地志书记载贡山独龙江一带有"曲牛"分布。另有人认为独龙牛是印度野牛与普通黄牛杂交形成的一个品种。据近年来对独龙牛细胞遗传学的研究认为，独龙牛不大可能是印度野牛与普通黄牛杂交形成的。因此，对独龙牛的起源和形成历史，尚待进一步研究。

（二）群体数量及变化情况

独龙牛1986年被列为保护畜种时，存栏数量仅有77头。经过20多年的保种和选育，存栏数量稳步增长。2001 年存栏 1.68 万头，2007 年存栏 3 459 头，其中公牛 946 头、母牛 2 513 头。2006 年怒江州共有独龙牛 3 082 头，其中公牛 926 头、母牛 2 156 头。2010 年共有 3 630 头，其中公牛 1 292 头、母牛 2 338 头（贡山县 2 150 头、福贡县 987 头、泸水县 493 头）。据 2019 年最新统计，贡山县存栏 3 821 头、泸水县存栏 630 头。

三、品种特征和性能

（一）体型外貌特征

1. 外貌特征 独龙牛整个体躯短圆匀称。全身被毛呈黑色和深褐色，四肢下部全为白色，有的头部或唇部具有白色斑块。颈粗短，公牛脖颈肌肉发达，颈下具有明显垂皮，但不如黄牛的长大。角基粗大，向上渐呈圆锥状，两角向头部两侧平伸出，微向上弯。公牛角长 40cm 左右，角尖间距达 100cm，母牛角稍小。面部较短而窄，额部宽阔、微凸。两耳直立，中等大小。体躯高大，鬐甲较低平，四肢短壮，蹄小结实。尾较普通黄牛的短。公、母牛在站立时头部常昂起，立姿彪悍。从整个外形看，前 1/4 粗重，肌肉发达、丰满、厚实，沿着肩部隆起倾斜到背的中央，在末尾急降。

独龙牛公牛

独龙牛母牛

2. 体重和体尺 2006 年 10 月，由贡山县畜牧兽医局在贡山县保种场选择 60 头独龙牛（其中，公牛 10 头、母牛 50 头）进行体重、体尺测量，结果见表 1。

表 1 独龙牛体重和体尺

性别	头数	体重 （kg）	体高 （cm）	体长 （cm）	胸围 （cm）	管围 （cm）	体长数指 （%）	胸围指数 （%）	管围指数 （%）
公	10	307.53 ± 8.02	118.92 ± 1.14	124.75 ± 1.27	174.87 ± 1.94	19.93 ± 0.22	102.56 ± 1.28	146.91 ± 1.44	16.80 ± 0.17
母	50	244.76 ± 15.70	111.34 ± 1.83	116.92 ± 2.61	155.56 ± 3.72	19.80 ± 0.48	100.75 ± 1.78	139.40 ± 1.53	17.75 ± 0.24

（二）生产性能

1. 屠宰性能 2006 年 10 月，由贡山县畜牧兽医局在贡山县保种场内对 1 头独龙母牛进行屠宰测定，其屠宰率 62.97%，眼肌面积 82.6cm^2。

2. 役用性能 独龙牛役用性能不强，目前仍处于半野生、半驯养状态，全年生活在高海拔山地灌木草场。曾经有独龙江乡群众对独龙牛驯化役用，而役用后 1 年独龙牛又恢复半野性。

3. 繁殖性能 独龙牛性成熟较晚，性成熟年龄：公牛 36 月龄、母牛 30 月龄。母牛发情季节在 6—10 月，发情周期 21d，发情持续期 18～24h，产后 15～25d 发情，怀孕期 280～290d，一般 1 年产

1 胎，1 胎 1 犊。在野外放牧自然交配情况下很少出现空怀。生育年限较普通黄牛长，育龄可达 20 岁左右。

四、品种保护与研究利用

采用保种场保护，现有独龙牛保种场 4 个，有保种和利用计划并已实施。据研究，独龙牛与普通黄牛分属于两个不同的种。

五、品种评价

独龙牛具有野牛体型和彪悍的外貌特征和习性，体质结实，结构匀称，耐高寒，耐粗饲，产肉性能好，繁殖率和成活率高，肌纤维细胞密度高，纤维直径小，肌细胞长、间隔小，肉质细嫩，肌间脂肪含量低，膻味低，肌肉丰满，具有肉用牛的特点，被誉为"怒江人民的一道野味佳肴"，觅食能力强，游走范围广，具有很强的适应性和抗逆性。因为独龙牛数量十分有限，现研究开发利用也十分有限，只有在有效保护的基础上才能开发利用，而通过开发利用也可实现有效保种。今后应加强独龙牛的保种选育工作，不断提高生产性能，扩大群体数量，为开发利用奠定基础。

玉树牦牛

玉树牦牛（Yushu Yak），产于青海省玉树藏族自治州，全国农产品地理标志。属乳、肉、役兼用型牦牛。

一、一般情况

（一）中心产区及分布

玉树牦牛主要分布于青海省玉树藏族自治州境内海拔 4 000m 以上的高寒草甸草场，核心产区为曲麻莱、治多、杂多三县（昆仑山地区）。

（二）产区自然生态条件

玉树州从东南到西北形成了山高、滩大、谷宽的地貌。中西部和北部的广大地区起伏不大，切割不深，多宽阔而平坦的滩地。玉树州因地势高，气候严寒，冷季长达 7 ~ 8 个月，暖季仅有 4 ~ 5 个月。年降水量在 500 ~ 600mm，全州年均温 – 5.6 ~ 3.8℃，多数地方没有绝对无霜期，大部分地区日照均在 2 500h 以上，植物生长期 ≥0℃ 的辐射总量达 150 ~ 411kJ/cm^2，宜于发展饲料作物。玉树州水资源极为丰富，素有"江河源头"之称。州境内可利用草场面积有 1 165.45 万 hm^2，平均每公顷产可食鲜草 1 762kg。天然草场上的植物在 1 000 种以上，可食牧草达 800 余种。

二、品种来源与变化

（一）品种形成

玉树古为羌地，是青藏高原羌人先民和藏民族世代居住的地方。玉树牦牛的来源与青藏高原民族变迁有着密切关系，是藏族群众长期驯养昆仑山的野牦牛相传至今，在相对封闭的环境中长期选育，形成的适应性好、抗病力强、役用力佳、耐粗饲、遗传性能稳定，产肉、产奶性能优良的牦牛类群。

（二）群体数量及变化情况

据统计，现阶段中心产区约存栏玉树牦牛 85 万头，其中，能繁母牛 42.1 万头，种公牛 2.5 万头，后备母牛 12.9 万头。

三、品种特征和性能

（一）体型外貌特征

1. 外貌特征 玉树牦牛被毛以全黑、黑褐色为主，背线、嘴唇、眼眶周围短毛多为灰白色或污白色，前胸、体侧及尾部着生长毛；玉树牦牛绝大多数有角，角粗壮，皮松厚，偏粗糙型；额宽平，胸宽而深、前躯发达，背腰平直，四肢较短而粗壮、蹄质结实。公牛头粗大、鬐甲高而丰满，体躯前高后低，角略向后向上、向外开展再向内合围呈环抱状，角尖略向后弯曲；眼大而圆，眼球略突而有神。母牛头部较轻，面部清秀，角细而尖；鬐甲较低而单薄。

玉树牦牛公牛

玉树牦牛母牛

2. 体重和体尺 2014—2016 年，玉树州畜牧兽医站对天然放牧母牛所产 97 头初生公犊牛和 92 头初生母犊牛初生重进行了测定，结果分别为 12.4kg 和 10.3kg（表1）。

2016 年 10 月对 969 头各年龄段玉树牦牛进行了测定。成年公、母牦牛平均体重分别为 393.2kg 和 212.9kg，体高分别为 128.9cm 和 110.2cm，体斜长分别为 146.7cm 和 123.7cm，胸围分别为 197.7cm 和 155.2cm，管围分别为 21.6cm 和 14.3cm。

表1 各年龄段玉树牦牛体尺、体重测定

年龄	性别	样本数	体高（cm）	体斜长（cm）	胸围（cm）	管围（cm）	体重（kg）
初生	公	92	/	/	/	/	12.4 ±2.3
	母	97	/	/	/	/	10.3 ±1.7
0.5 岁	母	78	80.9 ±9.1	87.8 ±9.7	107.5 ±11.6	10.5 ±1.3	69.2 ±21.4
	公	76	85.8 ±7.9	93.0 ±10.0	111.9 ±11.2	12.0 ±1.4	77.5 ±19.9
1.5 岁	母	57	87.6 ±3.4	93.6 ±6.9	118.9 ±6.4	11.4 ±1.3	91.4 ±14.2
	公	68	96.1 ±8.8	105.3 ±8.3	135.4 ±11.2	13.0 ±1.4	128.0 ±26.0
2.5 岁	母	61	102.5 ±9.1	109.3 ±8.1	136.7 ±12.1	13.6 ±1.2	143.7 ±17.6
	公	318	106.0 ±3.3	110.9 ±7.4	147.9 ±8.0	17.2 ±1.0	165.8 ±22.6
3.5 岁	母	48	104.6 ±5.4	115.4 ±7.2	153.0 ±5.1	13.8 ±0.8	186.9 ±18.2
	公	23	110.2 ±5.8	121.7 ±7.8	165.4 ±9.2	17.8 ±1.6	234.6 ±31.0
成年	母	119	110.2 ±5.2	123.7 ±6.1	155.2 ±4.2	14.3 ±1.2	212.9 ±20.1
	公	73	128.9 ±9.6	146.7 ±12.1	197.7 ±17.9	21.6 ±2.1	393.2 ±82.3

（二）生产性能分析

1. 产肉性能及肉质分析

（1）产肉性能 经对37头玉树牦牛犍牛屠宰测定得出，1.5岁玉树牦牛犍牛宰前活重为169.0kg，胴体重为86.5kg，屠宰率为51.2%；2.5岁玉树牦牛犍牛宰前活重为219.6kg，胴体重为112.7kg，屠宰率为51.3%（表2）。

经选取中心产区曲麻莱成年公、母牦牛各4头屠宰测定结果显示，玉树牦牛成年公牛宰前活重为324.4kg，胴体重为167.9kg，净肉重为133.8kg，屠宰率为51.8%，净肉率为41.2%。玉树牦牛成年母牛宰前活重为206.1kg、胴体重为103.0kg、净肉重为82.9kg、屠宰率为50.0%，净肉率为40.2%。

表2 玉树牦牛屠宰测定

年龄	性别	数量（头）	宰前活重（kg）	胴体重（kg）	屠宰率（%）	净肉率（%）
1.5岁	犍	32	169.0±20.0	86.5±10.4	51.2±1.4	/
2.5岁	犍	5	219.6±23.8	112.7±12.2	51.3±0.9	/
成年	公	4	324.4±23.8	167.9±16.6	51.8±1.5	41.2±1.1
成年	母	4	206.1±26.7	103.0±13.0	50.0±2.7	40.2±2.3

（2）肉质分析 经对4头玉树牦牛成年牛肉样肉质分析（公、母牛各2头），结果显示，玉树牦牛粗蛋白质含量较高，达22.22%，脂肪含量低，仅为0.83%；铁元素和锌元素含量相对较高，分别为33.51mg/kg、40.28mg/kg；脂肪酸含量高，总量为9.5mg/g；氨基酸种类丰富，共测出18种，总量达到20.59%（表3）。相较侯丽等（2013）对环湖牦牛肉氨基酸测定分析结果，除甘氨酸、酪氨酸、苯丙氨酸外，玉树牦牛成年牦牛肉其他14种氨基酸含量均明显高于环湖牦牛，这些差异可能和类群差异、草场类型、测定时间和方法等因素有关。总体来看，玉树牦牛肉具有脂肪含量低、不饱和脂肪酸和必需脂肪酸含量高、营养丰富等特点。

表3 玉树牦牛肉质分析测定

	原样计（鲜肉）		原样计（鲜肉）
初水（%）		甘氨酸Gly（%）	0.68（0.88）↓
水分（%）	76.22（73.9）↑	丙氨酸Ala（%）	1.16（0.83）↑
粗蛋白（%）	22.22（20.9）↑	胱氨酸Cys（%）	0.24（/）
总脂肪（%）	0.83（0.09）↓	缬氨酸Val（%）	1.10（0.78）↑
粗灰分（%）	1.40（2.5）↓	蛋氨酸Met（%）	0.64（0.22）↑
钙（%）	0.01	异亮氨酸Ile（%）	1.05（0.62）↑
磷（%）	0.18	亮氨酸Leu（%）	1.74（1.15）↑
铜（mg/kg）	0.85	酪氨酸Tyr（%）	0.73（0.78）↓
铁（mg/kg）	33.51	苯丙氨酸Phe（%）	0.81（0.89）↓
锌（mg/kg）	40.28	组氨酸His（%）	0.96（0.62）↑
天冬氨酸Asp（%）	1.99（1.36）↑	赖氨酸Lys（%）	1.98（1.01）↑
苏氨酸Thr（%）	0.99（0.77）↑	精氨酸Arg（%）	1.37（0.86）↑

	原样计（鲜肉）		原样计（鲜肉）
丝氨酸 Ser（%）	0.84（0.72）↑	色氨酸 Trp（%）	0.27（0.06）↑
谷氨酸 Glu（%）	3.24（2.19）↑	脂肪酸（mg/g）	9.50
脯氨酸 Pro（%）	0.80（0.48）↑		

注：1. 玉树牦牛肉质分析结果出自农业部饲料效价与安全监督检验测试中心检测所；

2. 表中"（）"内数据为环湖牦牛成年牦牛肉测定结果，其中水分等成分分析结果为青海省第二次畜禽遗传资源调查结果。氨基酸测定分析结果为侯丽等（2013）测定结果。

2. 产奶性能 玉树牦牛母牦牛泌乳期约150d，日平均挤奶量为0.6～0.8kg（不含犊牛吮吸部分），最高日挤奶量为2.65kg。玉树牦牛乳乳脂率为6.29%～9.53%。母牦牛胎次不同，产奶量亦有不同，以第三胎日产奶量为最高，第六胎以后产奶量不断降低。

3. 繁殖性能 公牛一般3.5岁开始配种，4.5～8岁为最佳配种利用期，以自然交配为主。母牛一般3.5岁初配，季节性发情，发情季节为每年的7—10月，其中7—8月为发情旺季，发情周期18～22d，发情持续时间1～4d，妊娠期250～270d，繁殖年限为10～12年，一般2年1胎。

四、品种保护与研究利用

（一）保种方式

玉树牦牛养殖历史悠久，但长期以来青海境内牦牛遗传资源没有进行详细的分类，尚未建立专门的玉树牦牛资源保护区、保护场、种牛场等，保护工作多由当地养殖牧户自发进行。2011—2013年，玉树牦牛中心产区曲麻莱县、治多县先后建设了牦牛良种繁育基地各1处，并升级优化为种牛场，以种畜场为依托加强良种繁育。2014—2018年，玉树州连续五年成功举办了五届优良种公牛评比会。结合国家畜禽良种补贴工程，将玉树牦牛良种牛向玉树州、果洛州等分布区进行推广，至今累计提供牦牛种公牛1 500余头。

（二）选育利用

玉树牦牛乳、肉品质优良，但由于地域偏远、地方经济较落后、观念意识滞后等因素，玉树牦牛资源开发利用程度仍处于较低水平。育种素材方面：作为育种素材培育新品种和新品系等利用较少；产品开发生产方面：基本为活体或部分屠宰销售，此外一般为合作社和小企业对肉、乳进行简单加工，制成风干肉、酸奶、曲拉等产品销售。虽然在当地市场比较受欢迎，但未能形成规模化生产和产业化经营，产业尚未形成。总体来看，玉树牦牛资源潜力、特色及优势尚未有效发挥。

五、品种评价

玉树牦牛对青藏高原腹地玉树州高海拔自然环境条件有极强的适应性，抗病力强，役用力佳，极耐粗饲，遗传性能稳定，产肉、产奶性能优良，是牧区藏族群众重要的生产生活资料和经济来源，深受当地牧民喜爱。玉树牦牛是青海乃至国家培育牦牛、肉牛新品种品系的重要资源基础，部分良种畜已推广到曲麻莱县周边产区和四川、新疆、甘肃、云南等省份。玉树牦牛肉质优良、脂肪酸种类丰富，高蛋白、低脂肪，矿物质元素丰富，氨基酸种类齐全，肌肉嫩度小，乳脂率及乳蛋白含量高，能在高原绿色生态养殖业和特色畜产品产业的发展中发挥积极效用，推广应用前景好。同时，在学术研究上，尤其是对于高原生物类群研究中牦牛类群的迁徙、进化以及生物多样性等方面有一定的研究价值。

扎什加羊

扎什加羊（Zhashijia Sheep）是优良的地方品种，属于藏系粗毛羊，是肉用优良品种。

一、一般情况

（一）中心产区及分布

扎什加羊中心产区在青海省曲麻莱县麻多乡，主要分布在曲麻莱县境内，目前玉树市、治多县等地有引入的种羊。

（二）产区自然生态条件

扎什加羊中心产区曲麻莱县位于青海省西南部，玉树藏族自治州北部，地理位置为北纬33°36′~35°40′、东经92°56′~97°35′。曲麻莱县的整个地势由东南向西北逐渐上升，海拔在3 950~5 590m。气候严寒，形成了"无四季之分，只有冷暖之别"的气候状况。冷季长达7~8个月，而暖季仅有4~5个月。年降水量在200~480mm；无绝对无霜期；阳光辐射强烈，光资源丰富。曲麻莱县境内河流纵横，地表水流极为丰富。境内可利用草场面积有2.13万km²，平均亩产可食鲜草125kg。植物主要以莎草、禾草、豆科和可食杂草类牧草构成。牧草营养物质含量丰富，具有"高蛋白、高脂肪、高无氮浸出物、高能量和低纤维"的特点，大多数牧草茎叶柔软，无特殊异味，适口性强，有极好的耐牧性，是扎什加羊优良的放牧型草地。

二、品种来源与变化

（一）品种形成

扎什加羊是早期野生盘羊和当地绵羊不断杂交（其毛颇长，尾巴小，由于其双角盘旋卷曲于头顶，故又称"盘羊"（《西宁府续志》），在相对封闭的环境中经多年选择形成的一个独特的遗传资源，其来源与青藏高原民族变迁有着密切关系。因扎什加羊主要分布在曲麻莱县麻多乡扎什加村，因此而得名。新中国成立后当地政府有计划地实施本品种选育，形成了具有明显特征的绵羊类群。

（二）群体数量及变化情况

扎什加羊2010年中心产区存栏约9.15万只，2017年中心产区存栏约6.76万只。

三、品种特征和性能

（一）体型外貌特征

1. 外貌特征 扎什加羊体质结实，体格中等，四肢高而端正，体形呈长方形。头呈斜楔形、较长，头部大多有黑褐色或黄褐色斑块，眼大明亮，额凹，鼻梁高隆，公羊尤著，耳大垂。公母羊均有角，公羊角长 60~70cm，母羊角长 40~50cm，角呈螺旋状向左右平伸，角尖向外张；公羊角比母羊角螺旋紧，角质粗壮，扁大，角色以淡褐为主；大多数个体角基至角尖有棕（黑、白）色线条，幼龄羊尤为明显。背腰平直，肋骨开张良好。骨骼坚实，蹄质致密，尾较长，呈扁锥形。体躯被毛主要为白色，被毛短，被毛毛辫比高原型藏羊短，绒毛厚、干死毛多，头肢多杂色，有黄眼圈者居多，大多数个体腹部皮肤有黑色椭圆形斑块。

扎什加羊公羊

扎什加羊母羊

2. 体重和体尺 2018 年 10 月，经对产区扎什加羊成年、2 周岁、周岁公母羊生产性能测定得出，成年公羊体高、体长、胸围、体重分别为 68.09cm、77.93cm、97.10cm、55.05kg；成年母羊体高、体长、胸围、体重分别为 67.39cm、71.30cm、89.71cm、44.47kg。详见表 1。

表 1 扎什加羊成年羊体尺、体重测定

性别	年龄	统计数	体高（cm）	体长（cm）	胸围（cm）	体重（kg）	剪毛量（kg）
公	成年	170	68.09 ± 5.60	77.93 ± 4.85	97.10 ± 6.15	55.05 ± 4.02	2.04 ± 0.60
	2 周岁	80	64.14 ± 4.61	72.11 ± 5.21	92.87 ± 5.74	41.83 ± 6.17	1.08 ± 0.35
	周岁	52	63.95 ± 5.36	69.17 ± 4.41	86.65 ± 5.65	33.58 ± 6.86	0.88 ± 0.22
母	成年	143	67.39 ± 3.46	71.30 ± 5.80	89.71 ± 5.08	44.47 ± 5.27	1.02 ± 0.24
	2 周岁	45	64.27 ± 3.16	71.90 ± 4.47	85.13 ± 5.66	38.53 ± 4.95	0.89 ± 0.35
	周岁	42	60.53 ± 4.07	66.51 ± 4.40	81.12 ± 5.65	32.57 ± 5.13	0.77 ± 0.20

（二）生产性能

1. 产肉性能

（1）屠宰测定 扎什加羊是青海藏羊品种中一个独特的生态类型，其体大、肉多、膘肥、放牧抓膘性能好，而且对严酷的自然环境适应性强。2015 年 11 月，在曲麻莱县主产区选择健康、营养中等的成年、2周岁、周岁公母羊40只进行屠宰性能测定。通过对不同年龄段扎什加羊公、母羊的屠宰性状测定，结果显示，成年公羊宰前活重、胴体重、屠宰率和肉骨比依次为57.16kg、28.04kg、49.05%和4.62∶1；成年母羊宰前活重、胴体重、屠宰率和肉骨比依次为47.69kg、20.23kg、42.46%和4.36∶1。详见表2、表3。

表2　扎什加羊公羊屠宰结果

项目	周岁	2周岁	成年
宰前活重（kg）	29.17±5.87	36.23±4.42	57.16±4.36
胴体重（kg）	13.23±2.71	14.60±3.47	28.04±2.20
屠宰率（%）	45.39±2.19	40.11±7.38	49.05±0.19
净肉重（kg）	10.52±2.36	11.71±3.10	23.05±1.75
骨重（kg）	2.72±0.53	2.89±0.48	4.99±0.50
肉骨比	3.90±0.72∶1	4.01±0.71∶1	4.62±0.20∶1
胴体净肉率（%）	79.25±2.92	79.71±2.97	82.21±0.71

表3　扎什加羊母羊屠宰结果

项目	周岁	2周岁	成年
宰前活重（kg）	27.58±4.98	37.37±2.92	47.69±3.60
胴体重（kg）	12.39±2.41	16.87±1.44	20.23±3.47
屠宰率（%）	44.85±1.14	45.23±3.42	42.46±6.56
净肉重（kg）	9.78±2.11	13.51±1.34	16.45±2.96
骨重（kg）	2.61±0.56	3.35±0.29	3.77±0.56
肉骨比	3.83±0.77∶1	4.05±0.45∶1	4.36±0.33∶1
胴体净肉率（%）	78.78±3.55	80.06±1.78	81.23±1.18

（2）肉质分析

①肉质感官特征：扎什加羊肉色鲜红，有光泽，肌纤维致密，富有韧性。弹性好，指压后的凹陷立即恢复。外表湿润不粘手，切面湿润。脂肪呈白色；煮沸后肉汤澄清透明，脂肪团聚于表面，无膻味，具羊肉固有的香味。味道鲜美纯正、口感好，肥瘦相间、风味浓郁等特点，独具特色。

②独特的内在品质指标：在曲麻莱县扎什加羊主产区，随机采集成年羊的肉样对扎什加羊的肉营养品质及脂肪酸含量的检测分析，其检测结果见表4。

表4　扎什加羊肉的营养成分分析

营养成分	蛋白质（%）	氨基酸总量（%）	脂肪（%）
青海藏羊（规范值）	≥22	≥19	≥2
扎什加羊（检测值）	23.4	19.1	2.28
祁连藏羊	21.2	15.9	3.28

扎什加羊肉蛋白含量为23.4%，脂肪含量为2.28%，肉品中氨基酸含量丰富，种类齐全，在每100g羊肉中，氨基酸总含量为19.1g，与本省祁连藏羊相比，蛋白质、氨基酸总量含量高、脂肪含量

低；不饱和脂肪酸为 0.97g（以 100g 计），饱和脂肪酸为 0.87g（以 100g 计），不饱和脂肪酸比例高，说明扎什加羊肉质独特，肉富含野味、微酸、无膻味，肉汤油花均匀，味道鲜美，属于典型的"高蛋白、低脂肪、优质安全"的动物食品，符合现今消费者选择肉食品时对营养的需求，是食用和生产加工羊肉制品的优质原料。

2. 产毛性能 成年公羊的毛被中，粗毛占 24.27%，两型毛占 21.48%，细毛占 40.47%，干死毛占 13.79%。剪毛量成年公羊平均 2.10kg，净毛率 75.72%；成年母羊平均 1.25kg、净毛率 70.77%。见表5。

表5 扎什加羊羊毛分析

性别	净毛率（%）	平均伸度	粗毛		两型毛		细毛		干死毛	
			数量比	重量比	数量比	重量比	数量比	重量比	数量比	重量比
公	75.72	19.14	24.27	35.93	21.48	30.08	40.47	20.47	13.79	13.52
母	70.77	17.86	27.67	40.58	18.81	25.52	40.80	21.21	12.73	12.74

3. 繁殖性能 扎什加羊公羔 8 月龄即有性行为，1.5 岁开始配种，3.5 岁时配种能力最强，6 岁以后配种能力下降。母羊 12 月龄性成熟，1.5~2 岁开始配种，一般秋季配种、冬季产羔，怀孕期 150d 左右，一般一年一胎，一胎一羔，极个别母羊产双羔。母羊乳房发育好，匀称，保姆性好。

四、品种保护与研究利用

扎什加羊一直以来被列入高原型藏羊，其独特的外貌特点和突出的生产性能并未受到重视。2010 年曲麻莱县成立了集扎什加羊保种、繁育与推广为主的良种繁育场，建立了规范的繁育和生产管理体系，从而使扎什加羊的选育和培育工作步入正轨。自 2010 年以来，扎什加羊国家良种补贴项目供种单位，向省内其他藏羊产区提供了大量优质种羊。

五、品种评价

扎什加羊是在青海高原独特的自然环境与生产条件下，经自然驯化和当地牧民群众长期选择而形成的特有畜种。其抗逆性强、极耐粗饲，遗传稳定，生产特性和生物学特性独特，所产肉、皮毛等品质好，是青海高原牧民重要的生产生活资料，也是高寒牧区藏羊新品培育的重要基础资源和材料，科研和生产利用价值高。

阿勒泰白头牛

阿勒泰白头牛（Altay White Cattle），俗称白头牛、禾木白头牛，属肉、乳、役兼用型牛地方品种。

一、一般情况

（一）中心产区及分布

1968年以前，阿勒泰白头牛广泛地分布在阿勒泰地区布尔津、哈巴河、吉木乃和阿勒泰县，塔城地区的裕民、塔城、额敏县与伊犁州直的伊犁昭苏、特克斯、尼勒克和巩留等县市；20世纪80年代初，阿勒泰白头牛主要分布于阿勒泰西部及东北部的布尔津县、哈巴河县、吉木乃县及阿勒泰市等县市；2000年初，阿勒泰白头牛仅分布于布尔津县牧区，中心产区位于布尔津县禾木哈纳斯蒙古族乡。

（二）产区自然生态条件

阿勒泰白头牛中心产区布尔津县禾木哈纳斯蒙古族乡，位于布尔津县北部的禾木河谷，地处阿勒泰山脉中段，准噶尔盆地北缘，地处欧亚大陆腹地，远离海洋，纬度较高，属温带高寒山区气候。境内年平均气温 -0.2℃，极端最高气温29.3℃、最低温 -37℃，冬季长近7个月，无霜期60~70d，年平均降水量1 065.4mm，由南向北逐渐增加，冬季降雪频繁，积雪深度有时可达1~2m。

阿勒泰白头牛主要是靠天然草场放牧，夏场主要分布于海拔1 500~2 500m的山地草甸草场、山地草甸草原草场和高寒草甸草场，以莎草科、禾本科及其他杂类草为主，牧草覆盖度可达90%，平均高度30~90cm，亩产鲜草350kg以上。春秋场分布在阿勒泰山的低山带及部分山麓，海拔在800~1 200m，以草原草场和荒漠草原草场为主，草场覆盖度为40%~50%，草层高度15~80cm，亩产鲜草200~400kg。冬牧场一部分在农区，一部分在海拔1 000~1 500 m的向阳避风的山谷和丘陵地带。

二、品种来源与变化

（一）品种形成

阿勒泰白头牛是新疆古老的地方牛品种之一，渊源于准噶尔盆地北部的蒙古牛种。准噶尔盆地北部禾木河谷区域的蒙古族牧民有养殖白头、红褐色身躯牛种的习惯，经过长期闭锁繁育和民间选育，形成了适应当地气候环境条件、具有独特体型外貌和遗传特性的地方牛群体，故称为阿勒泰白头牛。

（二）群体数量及变化情况

1968年以前，阿勒泰白头牛广泛地分布在北疆西部，由于黄牛品种改良大面积推广，80年代初，统计资料显示阿勒泰白头牛仅存栏约3 000余头，2003年存栏2 000余头。随着保种工作进一步得到加强，2006年存栏达到3 000头，其中生产母牛约2 000头。近些年来，由于布尔津县禾木景区旅游开发需要，保护区阿勒泰白头牛养殖有所受限，存栏数量逐年下降，2019年存栏约1 000头。

三、品种特征和性能

（一）体型外貌特征

1. 外貌特征 阿勒泰白头牛头部呈白色，体躯主要呈红褐色，胸部、腹侧、乳房周围及尾尖、四肢等部位亦为白色。头部额顶较高，从额顶到颈下部为白色，大部分眼周有一圈黑色被毛包围；四肢较短，蹄质坚实。

公牛头短宽而粗重，额顶高凸，角较小，向前上方弯曲呈半月形，也有部分无角；颈部短而宽厚，鬐甲宽圆，背腰平直且宽，垂皮中等发达，尻长宽适中。母牛角长20～40cm，后躯发育适中，后肋开张较好，乳房容积较大，结缔组织少，乳头发育适中。

阿勒泰白头牛公牛

阿勒泰白头牛母牛

2. 体重和体尺 在全年放牧饲养条件下，通过对阿勒泰白头牛7头公牛犊和8头母牛犊测定得到，初生重公牛犊平均22.4kg，母牛犊平均20.5kg；断奶重公牛犊平均101.4kg，母牛犊92.5kg。成年牛体重和体尺见表1。

表1　阿勒泰白头牛成年体重和体尺

月龄	性别	数量	体重（kg）	体高（cm）	体斜长（cm）	胸围（cm）	管围（cm）
成年	公	10	453.9±180.3	124.1±11.0	144.0±15.3	179.6±27.5	20.3±1.8
	母	40	321±86.2	122.5±10.6	136.9±12.2	155.9±15.9	18.5±1.3

注：数据来源于2018年6月布尔津县禾木阿勒泰白头牛保护区测定。

（二）生产性能

1. 产肉性能 在全年放牧条件下，产肉性能随季节变化而变化，每年10月底最佳，1—4月体况较差。2009年1月对4头18～24月龄阿勒泰白头牛屠宰性能进行测定，结果见表2。

表2　阿勒泰白头牛屠宰测定结果统计

性别	头数	宰前体重 （kg）	胴体重 （kg）	屠宰率 （%）	净肉重 （kg）	净肉率 （%）	眼肌面积 （cm²）	皮厚 （cm）	肉骨比
公	2	314.5±65.8	157.5±41.7	50.1±2.8	120.5±26.2	38.3±0.3	37.5±7.8	0.6±0.1	3.1:1
母	2	286±69.3	141.9±39.8	49.6±2.0	107.9±24.3	37.7±0.7	35.0±9.9	0.5±0.1	3.0:1

注：2009年，阿勒泰地区畜牧工作站对4头阿勒泰白头牛屠宰测定。

2. 乳用性能　在全放牧条件下，阿勒泰白头牛挤乳期可超过200d，全年产乳量可达2 000kg。（15头统计）150日龄平均产奶量（871.1±40.4）kg，最高产奶量达915.2kg。

3. 役用性能　阿勒泰白头牛托载可达150kg，平均每小时行走5~6km，日行8~10h，平均挽力400~500kg。单牛拉车载重400~500kg，在普通路面日行40~50km。

4. 繁殖性能　阿勒泰白头牛公牛7~9月龄有性欲和爬跨反射，12月龄性成熟，18月龄适宜配种。母牛初情期为12月龄，24月龄初配。发情多集中在5—9月，发情周期平均18~21d，发情持续期1.5~2.5d，年均受胎率85%以上，妊娠期平均275~290d，犊牛成活率95%。生命周期20年，利用年限15年。

四、品种保护与研究利用

（一）保种方式

采取保护区保护。2010年，在布尔津县禾木哈纳斯蒙古族乡及周围地区设立了阿勒泰白头牛保护区，设置保护区标志牌，建立以家庭牧场和养殖大户为基础的保种群，在中心产区建立核心群，并加强良种登记管理措施。2018年10月，阿勒泰白头牛遗传资源保护区制作细管冻精3 500余剂，并保存于新疆畜禽遗传资源基因库。

（二）选育利用

尚未开展对阿勒泰白头牛的系统选育工作。

五、品种评价

阿勒泰白头牛长期以来实行自群繁育，遗传稳定，具有较好的肉、乳、役等性能，特别是具有耐高寒、耐粗饲、适宜四季放牧、抗病力强等特点，能在新疆北部地区的生态环境中饲养。现阶段，阿勒泰白头牛存栏数量不足千头，处于濒危状态，急需加强阿勒泰白头牛遗传资源保护，进行本品种选育提高，保持该品种独特的抗逆性基因，丰富我国的牛遗传资源。